中文版

Photoshop 2021
入门教程

委婉的鱼 编著

人民邮电出版社

北　京

图书在版编目（CIP）数据

中文版Photoshop 2021入门教程 / 委婉的鱼编著
. — 北京：人民邮电出版社，2021.8
ISBN 978-7-115-56739-0

Ⅰ. ①中… Ⅱ. ①委… Ⅲ. ①图像处理软件—教材
Ⅳ. ①TP391.413

中国版本图书馆CIP数据核字(2021)第121843号

内 容 提 要

Photoshop 是一款功能强大、应用广泛的图像处理软件，在摄影后期、平面设计、UI 设计、电商设计和包装设计等领域深受从业者的青睐。本书合理安排知识点，运用简洁、流畅的语言，结合丰富的实例，由浅入深地讲解 Photoshop 的基本操作方法与设计应用。

本书共 12 章，第 1～11 章介绍 Photoshop 的重要功能，包括基本操作、图层的应用、选区、绘画和图像修饰、调色、文字的应用、路径与矢量工具、蒙版、通道、滤镜等；第 12 章主要通过综合案例，应用前面所讲的知识，让读者了解商业设计过程。

本书附带学习资源，内容包括课堂案例、课后习题和综合实例的素材文件、实例文件和在线教学视频，并提供教学 PPT 课件供教师教学参考。读者可以通过在线方式获取这些资源，具体方法请参看本书前言。

本书适合对 Photoshop 感兴趣的初学者和想要从事平面设计、UI 设计、电商设计、摄影后期等相关行业的读者学习使用，也适合作为相关院校和培训机构的教材。

◆ 编　著　委婉的鱼
　　责任编辑　张丹阳
　　责任印制　马振武

◆ 人民邮电出版社出版发行　　北京市丰台区成寿寺路 11 号
　　邮编　100164　　电子邮件　315@ptpress.com.cn
　　网址　https://www.ptpress.com.cn
　　北京捷迅佳彩印刷有限公司印刷

◆ 开本：700×1000　1/16
　　印张：14　　　　　　　　　　2021 年 8 月第 1 版
　　字数：327 千字　　　　　　　2024 年 9 月北京第 38 次印刷

定价：49.80 元

读者服务热线：(010)81055410　印装质量热线：(010)81055316
反盗版热线：(010)81055315
广告经营许可证：京东市监广登字 20170147 号

前言

Photoshop 是一款功能强大、使用方便的图像处理软件，广泛应用于视觉设计相关领域。

为了让读者更快、更有效地掌握 Photoshop 2021 主要工具和命令的使用方法，本书合理安排知识点，运用简洁、流畅的语言，结合丰富、实用的实例，由浅入深地讲解了 Photoshop 2021 的功能和应用。

下面就本书的相关问题做一个简要的介绍。

内容特色

入门轻松：本书从 Photoshop 的基础知识入手，逐一讲解了平面设计中常用的工具，力求让零基础的读者能轻松入门。

由浅入深：根据读者学习新技能的思维习惯，本书注重设计案例的难易顺序安排，尽可能把简单的案例放在前面，把复杂的案例放在后面，以让读者学习起来更加轻松。

随学随练：本书合理安排课堂案例和课后习题，读者学完案例之后，可以继续做课后习题，以加深对相关设计知识的理解和掌握。同时,本书还安排了综合实例帮助读者了解商业案例的制作过程。

版面结构

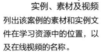
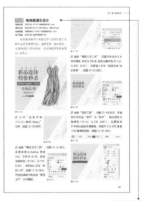

课堂案例
主要是操作性较强又比较重要的知识点的实际操作小练习，便于读者快速掌握软件的相关功能。

课后习题
针对该章某些重要内容进行巩固练习，加强读者独立完成设计的能力。

实例、素材及视频
列出该案例的素材和实例文件在学习资源中的位置，以及在线视频的名称。

综合实例
综合实例相比"课堂案例"效果更加完整，操作步骤略微复杂。

资源与支持

本书由"数艺设"出品，"数艺设"社区平台（www.shuyishe.com）为您提供后续服务。

配套资源

◆ 实例效果源文件：书中所有实例的效果图源文件。

◆ 素材文件：书中所有案例的素材文件。

◆ 在线教学视频：书中所有实例的制作过程和细节讲解。

◆ PPT 课件：书中知识要点的总结。

资源获取请扫码

"数艺设"社区平台，为艺术设计从业者提供专业的教育产品。

与我们联系

我们的联系邮箱是 szys@ptpress.com.cn。如果您对本书有任何疑问或建议，请您发邮件给我们，并请在邮件标题中注明本书书名及 ISBN，以便我们更高效地做出反馈。

如果您有兴趣出版图书、录制教学课程，或者参与技术审校等工作，可以发邮件给我们；有意出版图书的作者也可以到"数艺设"社区平台在线投稿（直接访问 www.shuyishe.com 即可）。如果学校、培训机构或企业想批量购买本书或"数艺设"出版的其他图书，也可以发邮件联系我们。

如果您在网上发现针对"数艺设"出品图书的各种形式的盗版行为，包括对图书全部或部分内容的非授权传播，请您将怀疑有侵权行为的链接通过邮件发给我们。您的这一举动是对作者权益的保护，也是我们持续为您提供有价值的内容的动力之源。

关于"数艺设"

人民邮电出版社有限公司旗下品牌"数艺设"，专注于专业艺术设计类图书出版，为艺术设计从业者提供专业的图书、U 书、课程等教育产品。出版领域涉及平面、三维、影视、摄影与后期等数字艺术门类，字体设计、品牌设计、色彩设计等设计理论与应用门类，UI 设计、电商设计、新媒体设计、游戏设计、交互设计、原型设计等互联网设计门类，环艺设计手绘、插画设计手绘、工业设计手绘等设计手绘门类。更多服务请访问"数艺设"社区平台 www.shuyishe.com。我们将提供及时、准确、专业的学习服务。

目录

第 1 章
学习 Photoshop 前的必修课 ... 011

1.1 Photoshop 的工作界面 ············· 012
  1.1.1 菜单栏 ································ 012
  1.1.2 图像窗口 ····························· 012
  1.1.3 工具箱 ······························ 013
  1.1.4 属性栏 ······························ 013
  1.1.5 状态栏 ······························ 013
  1.1.6 面板 ································ 014
1.2 设置 Photoshop 的首选项 ········· 015
  1.2.1 设置界面的颜色 ··················· 015
  1.2.2 设置自动存储功能 ················ 015
  1.2.3 设置历史记录条数 ················ 016
  1.2.4 提高软件运行速度 ················ 016
1.3 文件的基本操作 ···················· 016
  1.3.1 课堂案例：合成星空下的水母··· 016
  1.3.2 新建文件 ·························· 018
  1.3.3 打开文件 ·························· 019
  1.3.4 保存文件 ·························· 019
  1.3.5 置入文件 ·························· 021
  1.3.6 关闭文件 ·························· 021
1.4 图像的相关知识 ···················· 021
  1.4.1 位图与矢量图 ····················· 022
  1.4.2 像素与分辨率 ····················· 022
1.5 课后习题 ···························· 023
  1.5.1 课后习题：为照片调色后
       保存为 PSD 格式 ················· 023
  1.5.2 课后习题：制作双重曝光效果··· 024

第 2 章
Photoshop 的基本操作 ········ 025

2.1 调整图像和画布大小 ·············· 026
  2.1.1 课堂案例：修改图片尺寸以用于
       网络传输 ······················· 026
  2.1.2 调整图像大小 ····················· 026
  2.1.3 调整画布大小 ····················· 027
  2.1.4 旋转图像 ·························· 028
2.2 图像处理中的辅助工具 ··········· 028
  2.2.1 课堂案例：合成海上人像 ······ 028
  2.2.2 标尺与参考线 ····················· 029
  2.2.3 网格 ································ 029
  2.2.4 抓手工具 ·························· 030
2.3 还原与裁剪图像 ···················· 030
  2.3.1 课堂案例：用"裁剪工具"调整
       图像主体 ······················· 030
  2.3.2 还原 ································ 030
  2.3.3 切换最终状态与重做 ··········· 030
  2.3.4 恢复 ································ 031
  2.3.5 历史记录的还原操作 ··········· 031
  2.3.6 裁剪工具 ·························· 031
  2.3.7 透视裁剪图像 ····················· 032

2.4 **图像的变换** ·················· 033

2.4.1 课堂案例：用"变换"命令替换
图像素材 ················ 033

2.4.2 移动工具 ················· 034

2.4.3 自由变换 ················· 035

2.4.4 变换 ····················· 035

2.4.5 内容识别缩放 ············ 037

2.5 **课后习题** ·················· 038

2.5.1 课后习题：用"变换"命令制作
照片墙 ················ 038

2.5.2 课后习题：制作证件照 ······ 038

第 3 章
图层的应用 039

3.1 **认识图层** ·················· 040

3.1.1 课堂案例：创建简单的立体书
效果图 ················ 040

3.1.2 "图层"面板 ·············· 040

3.1.3 新建图层 ················· 042

3.1.4 背景图层的转换 ············ 043

3.2 **管理图层** ·················· 044

3.2.1 课堂案例：给人像制作逼真的
影子 ················· 044

3.2.2 图层的基本操作 ··········· 045

3.2.3 栅格化图层内容 ··········· 046

3.2.4 调整图层的排列顺序 ········ 046

3.2.5 调整图层的不透明度与填充 ··· 047

3.2.6 对齐与分布图层 ··········· 048

3.2.7 合并与盖印图层 ··········· 048

3.2.8 创建与解散图层组 ········· 049

3.2.9 将图层移入或移出图层组 ····· 050

3.3 **填充图层与调整图层** ·········· 050

3.3.1 课堂案例：用调整图层除去
图像中的灰色 ·········· 050

3.3.2 填充图层 ················· 051

3.3.3 调整图层 ················· 052

3.4 **图层样式与图层混合模式** ········ 054

3.4.1 课堂案例：制作有质感的口红
颜色 ················· 054

3.4.2 添加图层样式 ············· 055

3.4.3 "图层样式"对话框 ········· 056

3.4.4 编辑图层样式 ············· 060

3.4.5 图层的混合模式 ··········· 061

3.4.6 组合模式组 ··············· 062

3.4.7 加深模式组 ··············· 062

3.4.8 减淡模式组 ··············· 063

3.4.9 对比模式组 ··············· 063

3.4.10 比较模式组 ·············· 064

3.4.11 色彩模式组 ·············· 064

3.5 **课后习题** ·················· 065

3.5.1 课后习题：给黑白图像上色 ··· 065

3.5.2 课后习题：制作粉笔文字效果··· 065

第 4 章
选区 ································· 067

4.1 **基本选择工具** ··············· 068

4.1.1 课堂案例：利用快速选择工具
抠图 ················· 068

4.1.2 选框工具组 ··············· 069

4.1.3 套索工具组 ··············· 071

4.1.4 自动选择工具组 ··········· 073

4.1.5 图框工具 ················· 074

4.2 选区的基本操作 ······················· 075

4.2.1 课堂案例：制作网店产品
优惠券 ···················· 075

4.2.2 移动选区 ····················· 076

4.2.3 填充选区 ····················· 076

4.2.4 全选与反选选区 ··········· 076

4.2.5 隐藏与显示选区 ··········· 077

4.2.6 存储与载入选区 ··········· 077

4.2.7 变换选区 ····················· 077

4.3 选区的修改 ·························· 078

4.3.1 课堂案例：利用选区改变眼睛
颜色 ························· 078

4.3.2 选区的基本修改方法 ····· 079

4.4 其他常用选择命令 ·············· 080

4.4.1 课堂案例：抠取复杂的花束 ··· 080

4.4.2 色彩范围 ····················· 081

4.4.3 为选区描边 ·················· 083

4.5 课后习题 ····························· 083

4.5.1 课后习题：制作丁达尔光照
效果 ························· 083

4.5.2 课后习题：利用选区调整图像
局部颜色 ················· 084

第 5 章
绘画和图像修饰 ·················· 085

5.1 颜色的设置与填充 ·············· 086

5.1.1 课堂案例：给图像添加渐变色
效果 ························· 086

5.1.2 设置前景色与背景色 ····· 086

5.1.3 用吸管工具设置颜色 ····· 087

5.1.4 渐变工具 ····················· 088

5.1.5 油漆桶工具 ·················· 089

5.2 画笔工具组 ·························· 089

5.2.1 课堂案例：快速创建一幅素
描画 ························· 089

5.2.2 画笔设置面板 ··············· 090

5.2.3 画笔工具 ····················· 091

5.2.4 颜色替换工具 ··············· 092

5.3 图像修复工具组 ·················· 093

5.3.1 课堂案例：清除图像中多余的
景物 ························· 093

5.3.2 仿制图章工具 ··············· 094

5.3.3 图案图章工具 ··············· 095

5.3.4 污点修复画笔工具 ········ 095

5.3.5 修复画笔工具 ··············· 096

5.3.6 修补工具 ····················· 097

5.3.7 内容感知移动工具 ········ 097

5.3.8 红眼工具 ····················· 098

5.4 图像擦除工具组 ·················· 098

5.4.1 课堂案例：快速融合两张图像 098

5.4.2 橡皮擦工具 ·················· 099

5.4.3 背景橡皮擦工具 ··········· 100

5.4.4 魔术橡皮擦工具 ··········· 101

5.5 图像润饰工具组 ·················· 101

5.5.1 课堂案例：调整图像光影 ····· 101

5.5.2 模糊工具 ····················· 102

5.5.3 锐化工具 ····················· 102

5.5.4 涂抹工具 ····················· 102

5.5.5 减淡工具 ····················· 102

5.5.6 加深工具 ····················· 103

5.5.7 海绵工具 ····················· 103

5.6 课后习题 ····························· 104

5.6.1 课后习题：人像面部瑕疵修除··· 104

5.6.2 课后习题：美化眼睛 ·········· 104

第6章
图像调色·············· 105

6.1 认识图像色彩 ·············· 106

6.1.1 课堂案例：将一张偏冷调的图像
调整成暖调 ·········· 106

6.1.2 关于色彩 ·············· 106

6.1.3 色彩直方图 ·············· 107

6.1.4 常用颜色模式 ·············· 108

6.1.5 互补色 ·············· 109

6.1.6 加减色 ·············· 109

6.1.7 色彩冷暖 ·············· 110

6.2 图像的明暗调整 ·············· 111

6.2.1 课堂案例：将图像调整成不同
季节色彩倾向 ·········· 111

6.2.2 亮度/对比度·············· 112

6.2.3 色阶 ·············· 112

6.2.4 曲线 ·············· 114

6.2.5 曝光度 ·············· 117

6.2.6 阴影/高光 ·············· 118

6.3 图像的色彩调整 ·············· 118

6.3.1 课堂案例：变换花朵的颜色 ··· 118

6.3.2 自然饱和度 ·············· 119

6.3.3 色相/饱和度·············· 121

6.3.4 色彩平衡 ·············· 122

6.3.5 黑白与去色 ·············· 123

6.3.6 照片滤镜 ·············· 123

6.3.7 通道混合器 ·············· 123

6.3.8 可选颜色 ·············· 124

6.3.9 匹配颜色 ·············· 125

6.3.10 替换颜色 ·············· 126

6.3.11 色调均化 ·············· 127

6.4 图像的特殊色调调整 ·············· 127

6.4.1 课堂案例：创建人像轮廓风景··· 127

6.4.2 反相 ·············· 128

6.4.3 色调分离 ·············· 129

6.4.4 阈值 ·············· 129

6.4.5 渐变映射 ·············· 129

6.5 课后习题 ·············· 130

6.5.1 课后习题：修饰蓝天白云 ····· 130

6.5.2 课后习题：替换花草颜色 ····· 130

第7章
文字的应用·························· 131

7.1 文字创建工具 ·············· 132

7.1.1 课堂案例：给图像素材添加透明
水印 ·············· 132

7.1.2 文字工具 ·············· 132

7.1.3 文字蒙版工具 ·············· 134

7.2 创建与编辑文本 ·············· 134

7.2.1 课堂案例：创建路径文字 ····· 134

7.2.2 创建点文字与段落文字 ····· 135

7.2.3 创建路径文字 ·············· 135

7.2.4 创建变形文字 ·············· 135

7.2.5 修改文字 ·············· 136

7.2.6 栅格化文字图层 ·············· 136

7.2.7 将文字图层转换为形状图层 ··· 137

7.2.8 将文字转换为工作路径 ····· 137

7.3 字符面板/段落面板 ·············· 137

7.3.1 课堂案例: 创建每日一签海报 … 137

7.3.2 字符面板 ……………… 138

7.3.3 段落面板 ……………… 140

7.4 课后习题 …………… **141**

7.4.1 课后习题: 给图像添加复杂水印… 141

7.4.2 课后习题: 制作个人简历模板 … 142

第 8 章
路径与矢量工具 ……………… 143

8.1 路径与矢量工具 …………… **144**

8.1.1 课堂案例: 制作名片……… 144

8.1.2 了解绘图模式 ………… 145

8.1.3 认识路径与锚点 ……… 146

8.1.4 "路径"面板 ………… 146

8.1.5 绘制与运算路径 ……… 147

8.2 编辑路径 ……………… **148**

8.2.1 课堂案例: 利用钢笔工具抠出
复杂图像 …………… 148

8.2.2 钢笔工具 ……………… 150

8.2.3 在路径上添加锚点 …… 150

8.2.4 删除路径上的锚点 …… 150

8.2.5 转换路径上的锚点 …… 151

8.2.6 路径选择工具 ………… 151

8.2.7 直接选择工具 ………… 151

8.2.8 变换路径 ……………… 151

8.2.9 将路径转换为选区 …… 151

8.2.10 填充路径与形状 ……… 152

8.2.11 为路径与形状描边 …… 153

8.3 形状工具组 ……………… **155**

8.3.1 课堂案例: 制作 App 图标 …… 155

8.3.2 矩形工具 ……………… 156

8.3.3 圆角矩形工具 ………… 156

8.3.4 椭圆工具 ……………… 157

8.3.5 多边形工具 …………… 157

8.3.6 三角形工具 …………… 157

8.3.7 直线工具 ……………… 158

8.3.8 自定形状工具 ………… 158

8.4 课后习题 ……………… **159**

8.4.1 课后习题: 制作软件登录界面… 159

8.4.2 课后习题: 将图片切成九宫格… 160

第 9 章
蒙版 ……………………… 161

9.1 图层蒙版 ……………… **162**

9.1.1 课堂案例: 给单调的天空添加
蓝天白云 …………… 162

9.1.2 图层蒙版的工作原理 … 162

9.1.3 创建图层蒙版 ………… 163

9.1.4 应用图层蒙版 ………… 164

9.1.5 停用 / 启用 / 删除图层蒙版 … 164

9.1.6 转移 / 替换 / 拷贝图层蒙版 … 165

9.2 剪贴蒙版 ……………… **166**

9.2.1 课堂案例: 清除头发边缘的
杂色 ………………… 166

9.2.2 剪贴蒙版的工作原理 … 166

9.2.3 创建与释放剪贴蒙版 … 167

9.2.4 编辑剪贴蒙版 ………… 168

9.3 快速蒙版和矢量蒙版 …… **169**

9.3.1 课堂案例: 制作景深效果 … 169

9.3.2 快速蒙版 ……………… 170

9.3.3 矢量蒙版 ……………… 171

9.4 课后习题 ……………… **171**

9.4.1 课后习题：制作枯荣共存的树… 171

9.4.2 课后习题：制作双重曝光肖像… 172

第 10 章
通道 ……………………………… 173

10.1 通道的基本操作…………… 174

10.1.1 课堂案例：利用通道调整
图像的颜色 …………… 174

10.1.2 通道的类型 ………… 174

10.1.3 通道面板 …………… 176

10.1.4 新建 Alpha 通道 ……… 176

10.1.5 新建专色通道 ……… 177

10.1.6 快速选择通道 ……… 177

10.1.7 复制与删除通道 …… 177

10.2 通道的高级操作…………… 177

10.2.1 课堂案例：给风景照替换天空… 177

10.2.2 用通道调色 ………… 179

10.2.3 用通道抠图 ………… 180

10.3 课后习题………………… 180

10.3.1 课后习题：制作故障艺术效果… 180

10.3.2 课后习题：使用通道抠取复杂
图像 …………………… 181

第 11 章
滤镜 ……………………………… 183

11.1 认识滤镜与滤镜库………… 184

11.1.1 课堂案例：将普通照片制作成
油画效果 …………… 184

11.1.2 Photoshop 中的滤镜……… 185

11.1.3 Neural Filters 滤镜 ……… 185

11.1.4 滤镜库 ……………… 186

11.1.5 滤镜的使用原则与技巧 …… 187

11.1.6 如何提高滤镜性能 …… 188

11.1.7 智能滤镜 …………… 188

11.2 特殊滤镜的应用…………… 189

11.2.1 课堂案例：使用液化滤镜修出
完美身材 …………… 189

11.2.2 液化滤镜 …………… 190

11.2.3 消失点滤镜 ………… 191

11.2.4 Camera Raw 滤镜 ……… 193

11.2.5 镜头光晕滤镜 ……… 193

11.2.6 极坐标滤镜 ………… 194

11.3 课后习题………………… 195

11.3.1 课后习题：用镜头光晕滤镜制作
唯美的逆光人像 ……… 195

11.3.2 课后习题：用 Camera Raw
滤镜对偏色风景照进行调色 … 196

第 12 章
综合实例 ………………………… 197

12.1 招商海报制作…………… 198

12.2 UI 中基本元素的设计 ……… 200

12.2.1 通知栏图标设计 …… 200

12.2.2 登录 / 注册按钮设计 …… 201

12.2.3 进度条设计 ………… 202

12.2.4 搜索栏设计 ………… 203

12.3 电商直通车设计…………… 205

12.4 电商 Banner 设计………… 207

12.5 电商首页设计…………… 209

12.6 电商详情页设计…………… 216

第 1 章

学习 Photoshop 前的必修课

本章导读

　　本章主要介绍 Photoshop 的工作界面、位图与矢量图的区别，以及像素与分辨率的特点。通过本章的学习，读者可以初步了解软件的操作界面和相关设置。

本章学习要点

Photoshop 的工作界面

Photoshop 重要首选项的设置

文件的基本操作方法

图像的相关知识

Photoshop

1.1 Photoshop 的工作界面

随着版本的不断升级，Photoshop的工作界面布局也更合理和人性化。启动Photoshop 2021，图1-1所示为工作界面。工作界面由菜单栏、属性栏、工具箱、状态栏、图像窗口，以及功能丰富的面板组成。

图1-1

1.1.1 菜单栏

Photoshop 2021的菜单栏中包含11个主菜单，分别是文件、编辑、图像、图层、文字、选择、滤镜、3D、视图、窗口和帮助，如图1-2所示。单击相应的主菜单，即可打开该主菜单，如图1-3所示。

文件(F) 编辑(E) 图像(I) 图层(L) 文字(Y) 选择(S) 滤镜(T) 3D(D) 视图(V) 窗口(W) 帮助(H)

图1-2

图1-3

1.1.2 图像窗口

图像窗口是显示与编辑图像的地方。图像窗口默认以选项卡的形式显示，选项卡中会显示这个文件的名称、格式、窗口缩放比例和颜色模式等信息，如图1-4所示。如果打开了多张图像，则单击一个文档窗口的选项卡即可将其设置为当前工作窗口，如图1-5所示。

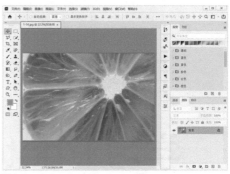

图1-4

图1-5

> 💡 小提示
>
> 在默认情况下，打开的所有文件都会显示为选项卡并紧挨在一起。按住鼠标左键拖曳图像窗口的选项卡，可以将其设置为浮动窗口，如图1-6所示；按住鼠标左键将浮动图像窗口的标题栏拖曳到选项卡栏中，图像窗口会显示为选项卡，如图1-7所示。
>
>
>
> 图1-6

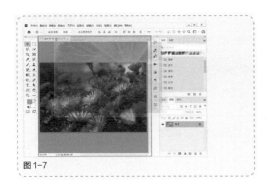

图 1-7

💡 小提示

工具箱可以显示为单栏或双栏，单击工具箱顶部的展开图标 »，可以将其展为双栏，如图 1-10 所示，同时展开图标 » 会变成折叠图标 «，再次单击，可以将其还原为单栏。另外，可以将工具箱设置为浮动状态，方法是将鼠标指针放置在 图标上，然后按住鼠标左键拖曳（将工具箱拖曳到原处，可以将其还原为停靠状态）。

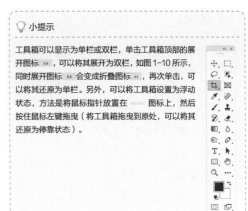

图 1-10

1.1.3 工具箱

工具箱中集合了 Photoshop 的大部分工具，这些工具分为选择工具、裁剪与切片工具、吸管与测量工具、修饰工具、绘画工具、文字工具、路径与矢量工具及导航工具，以及一组设置前景色和背景色的工具与切换模式工具，还有一个特殊工具——"以快速蒙版模式编辑" ，如图 1-8 所示。单击某个工具，即可选择该工具，如果工具的右下角带有三角形图标，表示这是一个工具组，在工具上单击鼠标右键就会弹出隐藏的工具。图 1-9 所示是工具箱中所有隐藏的工具。

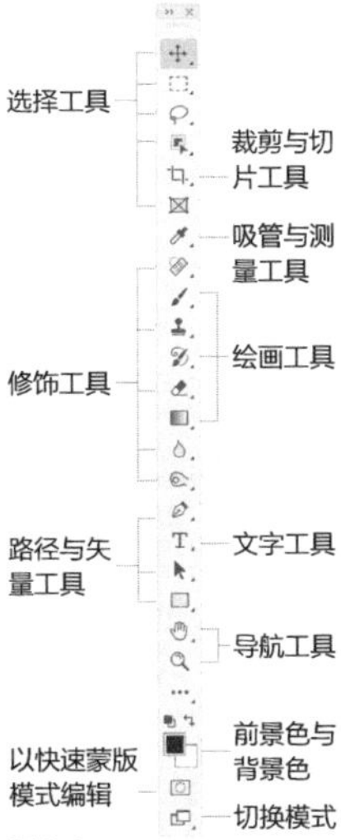

选择工具
裁剪与切片工具
吸管与测量工具
修饰工具
绘画工具
路径与矢量工具
文字工具
导航工具
前景色与背景色
以快速蒙版模式编辑
切换模式

图 1-8

1.1.4 属性栏

属性栏主要用来设置工具的参数选项，不同工具有不同的属性栏。例如，当选择"移动工具" 时，其属性栏会显示如图 1-11 所示的内容。

图 1-11

1.1.5 状态栏

状态栏位于图像窗口的下方，显示当前文档的大小、尺寸、当前工具和窗口缩放比例等信息。单击状态栏中的箭头图标，可设置要显示的内容，如图 1-12 所示。

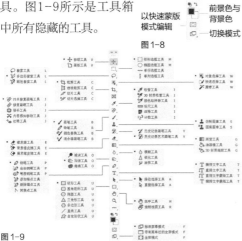

图 1-9

图 1-12

1.1.6 面板

Photoshop的面板主要用来配合图像的编辑、对操作进行控制，以及设置参数等。执行"窗口"菜单中的命令即可打开所需面板，如图1-13所示。例如，执行"窗口>直方图"菜单命令，使"直方图"命令处于勾选状态，就可以在操作界面中显示出"直方图"面板。

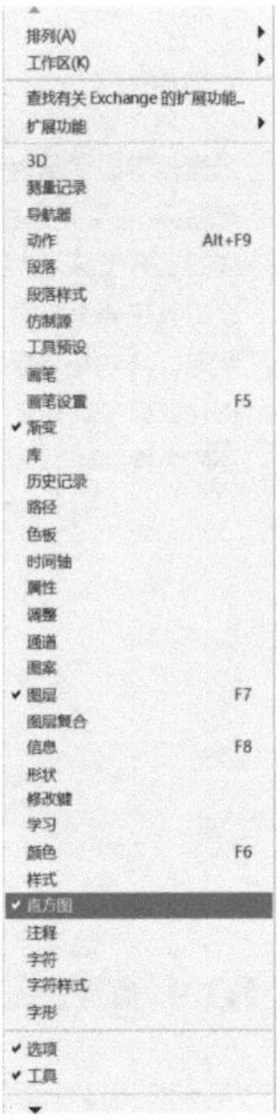

1. 折叠/展开与关闭面板

在默认情况下，面板都处于展开状态，如图1-14所示。单击面板右上角的折叠图标 « ，可以将面板折叠起来，同时折叠图标 « 会变成展开图标 » ，单击该图标可以展开面板，如图1-15所示。单击关闭按钮 × ，可以关闭面板。

图1-13

图1-14   图1-15

> **小提示**
>
> 如果不小心关闭了某个面板，可以将其重新调出来。以"颜色"面板为例，执行"窗口>颜色"菜单命令（快捷键为F6）可以重新将其调出来。

2. 拆分面板

在默认情况下，面板以面板组的形式显示在操作界面中，例如，"图层"面板和"通道"面板就是组合在一起的，如图1-16所示。如果要将其中某个面板拖曳出来形成一个单独的面板，可以将鼠标指针放置在面板名称上，

然后按住鼠标左键拖曳面板，即可将其拖曳出面板组，如图1-17和图1-18所示。

图1-16   图1-17

图1-18

3. 组合面板

如果要将一个单独的面板与其他面板组合在一起，可以将鼠标指针放置在该面板的名称上，然后按住鼠标左键拖曳到要组合的面板名称上，如图1-19和图1-20所示。

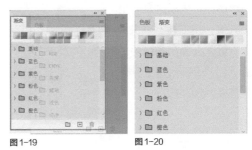

图1-19   图1-20

4. 打开面板菜单

每个面板的右上角都有一个 ≡ 图标，单击该图标可以打开该面板的菜单，如图1-21所示。

图1-21

1.2 设置 Photoshop 的首选项

为了更好地使用Photoshop，提升软件的运行速度，对Photoshop的重要首选项进行设置是很有必要的。

执行"编辑>首选项>常规"菜单命令（快捷键为Ctrl+K），可以打开"首选项"对话框。在该对话框中，可以修改Photoshop的常规设置、界面、文件处理、性能、光标、透明度与色域等。设置好首选项以后，每次启动Photoshop都会按照这个设置来运行。

注意暂存盘一定要选择C盘以外的磁盘，这样才能提高整体运行速度，减小C盘缓存压力，如图1-22所示。

在下面的内容中，只介绍在实际工作中常用的一些首选项设置。

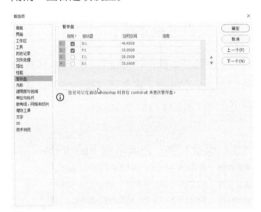

图1-22

1.2.1 设置界面的颜色

Photoshop界面默认显示颜色为接近黑色的灰色，如图1-23所示。如果要将其设置为其他颜色，只需执行"编辑>首选项>界面"命令，然后在如图1-24所示的对话框中找到"颜色方案"，选择相应的颜色即可，浅灰色的界面如图1-25所示。

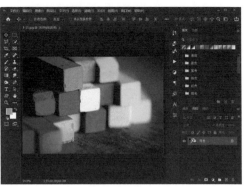

图1-23

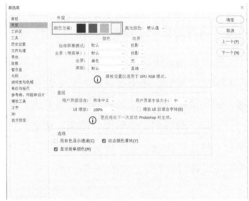

图1-24

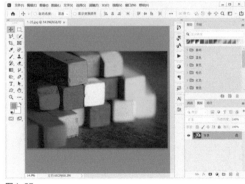

图1-25

1.2.2 设置自动存储功能

Photoshop拥有很人性化的自动存储功能，利用该功能可以按设置的时间间隔对当前处理的文件进行自动存储。在"首选项"对话框左侧单击"文件处理"选项，切换到"文件处理"面板，默认的"自动存储恢复信息的间隔"为10分钟，如图1-26所示。也就是说每隔10分钟，Photoshop会自动存储一次（不覆盖已经保存的文件），就算在意外断电的情况下也不会丢失当前处理的文件。

图1-26

1.2.3 设置历史记录条数

在默认情况下，Photoshop只记录当前操作的前50个步骤，如果要返回到50步之前的步骤，就需要将历史记录条数值设置得更大。在"首选项"对话框左侧单击"性能"选项，切换到"性能"面板，在"历史记录状态"选项中即可设置记录条数，如图1-27所示。

图1-27

> 💡 小提示
>
> 注意，如果历史记录条数太少，容错率会变低，但条数太多会占用过多的空间，影响计算机的运行，所以50~100条是比较合适的。

1.2.4 提高软件运行速度

随着计算机硬件的不断升级，Photoshop也开发出了开启图形处理器的功能，用于提高软件的运行速度。在"首选项"对话框左侧单击"性能"选项，切换到"性能"面板，勾选"使用图形处理器"选项，如图1-28所示，这样可以加速处理一些大型的图像和3D文件。如果不开启该功能，Photoshop的某些滤镜将不能使用，如"自适应广角"滤镜。

图1-28

1.3 文件的基本操作

文件的基本操作包括新建、打开、保存及关闭等。只有掌握了这些基本操作方法，才能在更深层次的工作当中得心应手。

1.3.1 课堂案例：合成星空下的水母

实例位置	实例文件 >CH01> 合成星空下的水母 .psd
素材位置	素材文件 >CH01> 素材 01.jpg、素材 02.jpg
视频位置	多媒体教学 >CH01> 合成星空下的水母 .mp4
技术掌握	Photoshop 2021 的工作区

熟悉 Photoshop 2021 的工作区是高效完成工作的前提，本小节用一个简单的合成案例来介绍 Photoshop 2021 的菜单栏、工具箱、属性栏及面板，制作完后可得到如图 1-29 所示的效果。

图1-29

01 双击桌面上的 图标打开 Photoshop 软件，在菜单栏中执行"文件 > 打开"菜单命令（快捷键为 Ctrl+O），如图 1-30 所示。在弹出的对话框中选择"素材文件 >CH01> 素材01.jpg"文件，如图 1-31 所示，单击"打开"按钮，即可打开图片，如图 1-32 所示。

图 1-30

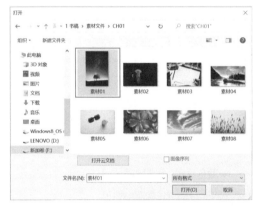

图 1-31

图 1-32

02 打开"素材 02.jpg"文件，如图 1-33 所示。

图 1-33

03 选择"移动工具" ，将"素材 02.jpg"拖曳到"素材 01.jpg"中，得到如图 1-34 所示的效果，在"图层"面板中会生成"图层 1"，如图 1-35 所示。

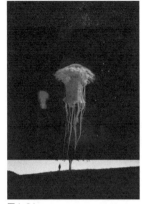

图 1-34   图 1-35

04 在"图层"面板中，将"图层 1"的混合模式改为"变亮"，如图 1-36 所示，得到如图 1-37所示的效果。

图 1-36   图 1-37

05 使用"移动工具" ，将"图层 1"中的图像移动到如图 1-38 所示的位置，即可得到最终的效果。

图 1-38

06 执行"文件 > 存储为"命令，选择图像的存储位置和格式，单击"保存"按钮，将文件存储，如图1-39所示。

图1-39

1.3.2 新建文件

在通常情况下，要处理一张已有的图像，只需要将其在Photoshop中打开即可。但是如果要制作一张新图像，就需要在Photoshop中新建一个文件。执行"文件>新建"菜单命令（快捷键为Ctrl+N），即可打开如图1-40所示的"新建文档"对话框。在该对话框中可以设置文件的名称、尺寸、分辨率和颜色模式等。

图1-40

- **名称**：设置文件的名称，默认情况下的文件名为"未标题-1"。

- **预设**：选择一些预设的常用尺寸，单击对话框上方的各种预设选项卡，即可进行选择。预设选项卡包括"最近使用项""已保存""照片""打印""图稿和插图""Web""移动设备""胶片和视频"8个，如图1-41所示。

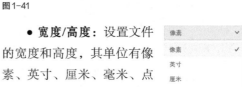

图1-41

- **宽度/高度**：设置文件的宽度和高度，其单位有像素、英寸、厘米、毫米、点和派卡6种，如图1-42所示。

- **分辨率**：用来设置文件的分辨率大小，其单位有像素/英寸和像素/厘米两种，如图1-43所示。在一般情况下，图像的分辨率越高，印刷出来的质量就越好。

- **颜色模式**：设置文件的颜色模式及相应的颜色深度。颜色模式可以选择"位图""灰度""RGB颜色""CMYK颜色"或"Lab颜色"，如图1-44所示；颜色深度可以选择8bit、16bit或32bit，如图1-45所示。

- **背景内容**：设置文件的背景内容，选项有"白色""黑色""背景色""透明""自定义"，如图1-46所示。

图1-42

图1-43

图1-44

图1-45

图1-46

💡 小提示

如果设置"背景内容"为"白色"，那么新建的文件的背景色就是白色；如果设置"背景内容"为"背景色"，那么新建的文件的背景色就是Photoshop当前设置的背景色。

1.3.3 打开文件

前面介绍了新建文件的方法，如果需要对已有的图像文件进行编辑，那么就需要在Photoshop中将其打开，之后才能进行操作。

1. 用打开命令打开文件

执行"文件>打开"菜单命令（快捷键为Ctrl+O），在弹出的"打开"对话框中选择需要的文件，单击"打开"按钮 打开(O) 或双击文件，即可在Photoshop中打开该文件，如图1-47所示。

图1-47

> **小提示**
>
> 在打开文件时如果找不到需要的文件，可能有以下两个原因。
>
> 第1个：Photoshop不支持这种文件格式。
>
> 第2个："文件类型"未设置正确。例如，设置"文件类型"为JPEG格式，那么"打开"对话框中就只显示这种格式的图像文件；如果设置"文件类型"为"所有格式"，就可以查看当前目录下的所有文件。

2. 用快捷方式打开文件

利用快捷方式打开文件的方法主要有以下3种。

第1种：选择一个需要的文件，将其拖曳到Photoshop的快捷图标上，如图1-48所示。

 + 用 Adobe Photoshop 2021 打开

图1-48

第2种：选择一个需要的文件，单击鼠标右键，在弹出的菜单中选择"打开方式>Adobe Photoshop 2021"命令，如图1-49所示。

图1-49

第3种：如果已经运行了Photoshop，可以直接将需要的文件拖曳到图像窗口中，如图1-50所示。

图1-50

1.3.4 保存文件

当编辑了图像以后，就需要保存文件。如果不保存文件，就会前功尽弃。

1. 用"存储"命令保存文件

编辑完文件以后，可以执行"文件>存储"菜单命令（快捷键为Ctrl+S）保存文件，如图1-51所示。存储时将保留对文件所做的更改，并且替换上一次保存的文件。

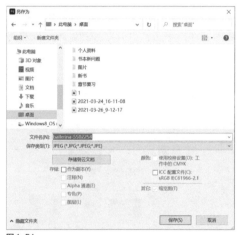

图 1-51

💡 小提示

如果是新建的一个文件，那么在执行"文件 > 存储"菜单命令时，Photoshop 会弹出"存储为"对话框。

2. 用"存储为"命令保存文件

如果需要将文件保存到另一个位置或使用另一文件名进行保存，可以执行"文件>存储为"菜单命令（快捷键为Shift+Ctrl+S），如图1-52所示。

在使用"存储为"命令另存文件时，Photoshop会弹出"另存为"对话框，如图1-53所示。在该对话框中可以设置文件名和格式等。

图 1-52

图 1-53

3. 文件保存格式

文件格式就是存储图像数据的方式，它决定了图像的压缩方法、支持何种Photoshop功能及文件是否与其他一些文件相兼容等。利用"存储"和"存储为"命令保存图像时，可以在弹出的"另存为"对话框中选择图像的保存格式，如图1-54所示。

图 1-54

● **PSD**：PSD格式是Photoshop的默认存储格式，能够保存图层、蒙版、通道、路径、未栅格化的文字和图层样式等。在一般情况下，保存文件采用这种格式，以便随时进行修改。

💡 小提示

PSD 格式应用非常广泛，可以直接将这种格式的文件置入 Illustrator、InDesign 和 Premiere 等 Adobe 软件中。

● **GIF**：GIF格式是输出图像到网页中时常用的格式。GIF格式采用LZW压缩算法，它支持透明背景和动画，被广泛应用在网络中。

● **JPEG**：JPEG格式是平时常用的一种图像格式。它是一种基本的有损压缩格式，被绝大多数的图形处理软件所支持。

💡 小提示

出版、印刷领域最好不使用 JPEG 格式，因为它是以损害图像质量来提高压缩质量的，通常使用 PSD 和 TIFF 格式。

● **PNG**：PNG格式是专门为Web开发的，它是一种将图像压缩到Web上的文件格式。PNG格式与GIF格式不同的是，PNG格式支持24位图像并产生无锯齿的透明背景。

> 💡 小提示
>
> PNG 格式可以实现无损压缩，并且背景部分是透明的，因此常用来存储背景透明的素材。

● **TIFF**：TIFF格式是一种通用的文件格式，所有的绘画、图像编辑和排版程序都支持该格式，而且绝大多数桌面扫描仪可以产生TIFF图像。TIFF格式支持具有Alpha通道的CMYK、RGB、Lab、索引颜色和灰度图像，以及没有Alpha通道的位图模式图像。Photoshop可以在TIFF文件中存储图层和通道，但是如果在另外一个应用程序中打开该文件，那么只有拼合图像才是可见的。

> 💡 小提示
>
> 在实际工作中，PSD 格式是最常用的文件格式，它可以保留文件的图层、蒙版和通道等所有内容，在编辑图像之后，应该尽量将图像保存为该格式，以便以后随时修改。另外，矢量图形软件 Illustrator 和排版软件 InDesign 也支持 PSD 格式的文件，这意味着一个透明背景的文件被置入这两个软件之后，背景仍然是透明的。

1.3.5 置入文件

置入文件是将图片或任何Photoshop支持的文件作为智能对象添加到当前操作的文档中。

新建一个文档以后，执行"文件>置入嵌入对象"菜单命令，如图1-55所示，在弹出的对话框中选择需要置入的文件，单击"置入"按钮，即可置入该文件。

图1-55

> 💡 小提示
>
> 在置入文件时，文件将被自动放置在画布的中间，同时保持原始尺寸比。如果置入的文件比当前编辑的图像大，那么该文件将被调整到宽度与画布相同。
>
> 在置入文件之后，可以对作为智能对象的图像进行缩放、定位、斜切、旋转或变形操作，并且不会降低图像的质量。

1.3.6 关闭文件

当编辑完图像以后，需要保存并关闭文件。Photoshop提供了4种关闭文件的方法，如图1-56所示。

● **关闭**：执行该命令（快捷键为Ctrl+W），可以关闭当前处于激活状态的文件。使用这种方法关闭文件时，其他文件将不受任何影响。

● **关闭全部**：执行该命令（快捷键为Alt+Ctrl+W），可以关闭所有的文件。

● **关闭并转到Bridge**：执行该命令（快捷键为Shift+Ctrl+W），可以关闭当前文件，并将该文件在Bridge软件中打开。

图1-56

● **退出**：执行该命令或者单击Photoshop界面右上角的"关闭"按钮 ×，可以关闭所有的文件并退出Photoshop。

1.4 图像的相关知识

Photoshop是一个图像处理软件，只有掌握了关于图像和图形方面的知识，才能更好地使用它。

1.4.1 位图与矢量图

矢量图由直线和曲线构成，描述图像的几何特性，精度很高，不会失真，不影响图像质量，而且文件体积较小，编辑灵活，但是表现的色彩层次整体效果不如位图，位图则包含位置和颜色的信息，色彩丰富，能很细腻地表现图像效果。

1.位图

位图在技术上被称为"栅格图像"，也就是通常所说的"点阵图像"。位图由像素组成，每个像素都会被分配一个特定位置和颜色值。相较于矢量图，在处理位图时所编辑的对象是像素而不是对象或形状。

将如图1-57所示的素材放大到10倍，图像发虚，如图1-58所示；将其放大到64倍时就可以清晰地观察到图像中有很多小方块。这些小方块就是构成图像的像素，如图1-59所示。

图1-57

图1-58 　　　　　图1-59

2.矢量图

矢量图也被称为矢量形状或矢量对象，在数学上被定义为一系列由线连接的点，如Illustrator、CorelDRAW和AutoCAD等软件就是以矢量图形为基础进行创作的。与位图不同，

矢量图中的图形元素被称为矢量图的对象，每个对象都是一个自成一体的实体，它具有颜色、形状、轮廓、大小和屏幕位置等属性。

对于矢量图形，无论是移动还是修改，矢量图形都不会丢失细节或影响其清晰度。当调整矢量图形的大小、将矢量图形打印到任何尺寸的介质上、在PDF文件中保存矢量图形或将矢量图形导入基于矢量的图形应用程序中时，矢量图形都将保持清晰的边缘。图1-60是一个矢量图，将其放大到5倍，如图1-61所示，图形很清晰；将其放大到20倍时，如图1-62所示，图形依然很清晰。这就是矢量图形的最大优势。

图1-60

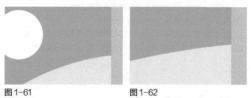

图1-61 　　　　　图1-62

> 💡 小提示
>
> 矢量图在设计中应用得比较广泛，如 Flash 动画、广告设计喷绘等（注意，常见的 JPEG、GIF 和 BMP 图像都属于位图）。

1.4.2 像素与分辨率

在Photoshop中，图像的尺寸及清晰度是由图像的像素与分辨率来控制的。

1.像素

像素是构成位图的最基本的单位。位图由许多个大小相同的像素沿水平方向和竖直方向按统一的矩阵整齐排列而成。构成一幅图像的像素越多，色彩信息越丰富，效果就越好，当然文件所占的空间也就越大。在位图中，像素的大小是指沿图像的宽度和高度方向测量出的像素数目。如图1-63所示，这是3张像素分别为2 000像素×3 000像素、200像素×300像素和40像素×60像素的图像，可以很清楚地观察到最左边的图像效果是最好的。

图1-63

2.分辨率

分辨率是指位图中细节的精细度，测量单位是像素/英寸（ppi），每英寸的像素越多，分辨率越高。一般来说，图像的分辨率越高，印刷出来的质量就越好。例如，图1-64是两张尺寸相同、内容相同的图像，左图的分辨率为300 ppi，右图的分辨率为72 ppi，放大图像后可以看到这两张图像的清晰度有着明显的差异，即左图的清晰度明显高于右图。

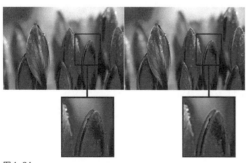

图1-64

1.5 课后习题

本节安排了两个课后习题，希望读者认真练习，以巩固本课所学的知识。

1.5.1 课后习题：为照片调色后保存为 PSD 格式

实例位置	实例文件 >CH01> 为照片调色后保存为 PSD 格式 .psd
素材位置	素材文件 > CH01> 素材 03.jpg
视频位置	多媒体教学 >CH01> 为照片调色后保存为 PSD 格式 .mp4
技术掌握	文件的基本操作

要求将素材偏洋红色的色调调整为如图1-65所示的蓝色，并另存为PSD格式。

图1-65

01 打开素材，调整图像的"可选颜色"中的洋红色，增加青色，减少黄色，如图 1-66 所示。

图1-66

02 另存文件并设置为 PSD 格式，如图 1-67 所示。

图 1-67

1.5.2 课后习题：制作双重曝光效果

实例位置	实例文件 >CH01> 制作双重曝光效果 .psd
素材位置	素材文件 > CH01> 素材 04.jpg、素材 05.jpg
视频位置	多媒体教学 >CH01> 制作双重曝光效果 .mp4
技术掌握	Photoshop 界面

用提供的两张图片制作双重曝光效果，如图1-68所示。

图 1-68

01 导入素材，将"素材 05.jpg"叠加在"素材 04.jpg"上，如图 1-69 所示。

图 1-69

02 修改图层混合模式为"变暗"，透出天空图层，如图 1-70 所示。

图 1-70

第 2 章

Photoshop 的
基本操作

本章导读

　　本章主要介绍 Photoshop 中图像的基本操作，
希望读者能够透彻理解本章的基本概念，灵活掌握基
本操作，为今后的学习打下坚实的基础。

本章学习要点

调整图像和画布大小

图像处理中的辅助工具

图像的还原 / 重做 / 恢复

历史记录的还原操作

裁剪图像

图像的基本变换

内容识别缩放

2.1 调整图像和画布大小

"图像大小"主要用来设置图像的打印尺寸，画布指整个文档的工作区域。

2.1.1 课堂案例：修改图片尺寸以用于网络传输

实例位置	无
素材位置	素材文件 > CH02> 素材 01.jpg
视频位置	多媒体教学 >CH02> 修改图片尺寸以用于网络传输 .mp4
技术掌握	修改图片尺寸

在生活中经常需要上传图片，很多网站都限制了上传图片的尺寸，所以需要修改图片尺寸。

01 按快捷键 Ctrl+O 打开"素材文件 > CH02> 素材 01.jpg"文件，如图 2-1 所示。

图2-1

02 执行"图像 > 图像大小"菜单命令，打开"图像大小"对话框，从该对话框中可以看到"图像大小"为 68.7 MB，宽度为 6 000 像素，高度为 4 000 像素，如图 2-2 所示。

03 在"图像大小"对话框中设置"宽度"为3000像素，如图 2-3 所示，此时可以看见图像变小了。

图2-2

图2-3

04 单击"确定"按钮，最终效果如图 2-4 所示。

图2-4

2.1.2 调整图像大小

打开一张图像，执行"图像>图像大小"菜单命令（快捷键为Alt+Ctrl+I），即可打开"图像大小"对话框，如图2-5所示。在"图像大小"对话框中可更改图像的尺寸，减小文档的"宽度"和"高度"值，就会减少像素数量，此时虽然图像尺寸变小，但画面质量不变，如图2-6所示；若提高文档的分辨率，则会增加新的像素，此时虽然图像尺寸变大，但画面的质量会下降，如图2-7所示。

图2-5

图2-6

💡 小提示

修改图像大小后，新文件的大小会出现在对话框的顶部，旧文件大小在括号内显示。

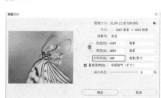

图2-7

2.1.3 调整画布大小

画布指整个文档的工作区域，如图2-8所示。执行"图像>画布大小"菜单命令（快捷键为Alt+Ctrl+C），打开"画布大小"对话框，如图2-9所示。在该对话框中可以对画布的宽度、高度、定位和扩展背景颜色进行调整。

图 2-8

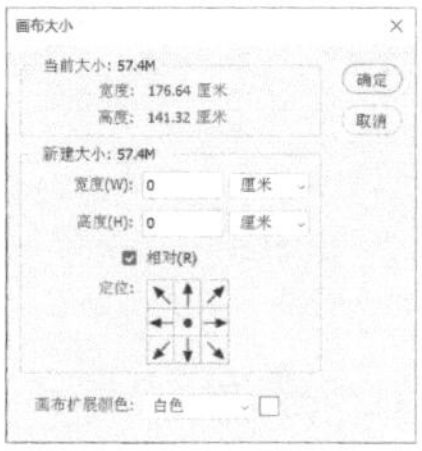

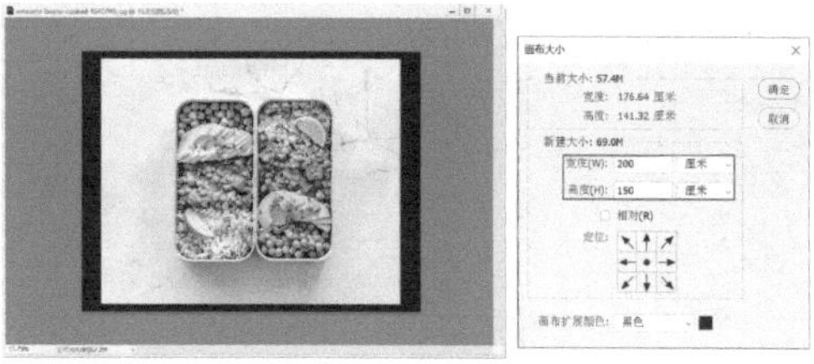

图 2-11

图 2-12

小提示

当新画布大小小于当前画布大小时，Photoshop 会对当前画布进行裁切，并且在裁切前会弹出一个警告对话框，如图2-13所示，询问用户是否进行裁切操作，单击"继续"按钮 继续(P) 将进行裁切，单击"取消"按钮 取消 将不裁切。

图 2-13

图 2-9

1. 当前大小

"当前大小"选项组中显示的是文档的实际大小，以及图像的实际宽度和高度，如图2-10所示。

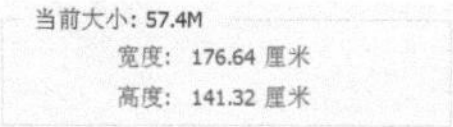

当前大小: 57.4M
宽度: 176.64 厘米
高度: 141.32 厘米

图 2-10

2. 新建大小

"新建大小"是指修改画布尺寸后的大小。当输入的"宽度"和"高度"值大于原始画布尺寸时，会增大画布，如图2-11所示；当输入的"宽度"和"高度"值小于原始画布尺寸时，Photoshop会裁掉超出画布区域的图像，如图2-12所示。

3. 画布扩展颜色

"画布扩展颜色"指填充新画布的颜色，只针对背景图层操作，如果图像的背景是透明的，那么"画布扩展颜色"选项将不可用，新增加的画布也是透明的。如图2-14所示，如果"图层"面板中只有"图层0"，没有"背景"图层，图像的背景就是透明的，如果勾选"相对"选项，将画布的"宽度"扩展10 cm，扩展出的区域就是透明的，如图2-15所示。

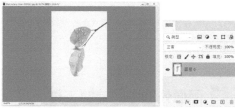

图 2-14

图2-15

2.1.4 旋转图像

使用"图像旋转"命令可以旋转或翻转整个图像，如图2-16所示。图2-17为原图，图2-18和图2-19分别是执行"顺时针90度"命令和"水平翻转画布"命令后的图像效果。

图2-16

图2-17　　　　图2-18

图2-19

💡 小提示

执行"图像>图像旋转>任意角度"菜单命令，可以设置以任意角度旋转画布。

2.2 图像处理中的辅助工具

辅助工具包括标尺、参考线、网格和"抓

手工具"等，借助这些辅助工具可以进行对齐和对位等操作，有助于更快速、精确地处理图像。

2.2.1 课堂案例：合成海上人像

实例位置	实例文件 >CH02> 合成海上人像 .psd
素材位置	素材文件 >CH02> 素材 02.jpg、素材 03.png
视频位置	多媒体教学 >CH02> 合成海上人像 .mp4
技术掌握	简单的图像合成技巧

将提供的人像素材与海洋背景素材合并在一起，利用参考线将人像放在三等分位置，最终效果如图2-20所示。

图2-20

01 打开"素材文件 >CH02> 素材 02.jpg"文件，效果如图2-21所示。

图2-21

02 执行"视图 > 新建参考线版面"菜单命令，在弹出的对话框中设置行数和列数都为 3，如 图 2-22 所示。此时图像窗口效果如图2-23所示。

图2-22

图 2-23

03 打开"素材 03.png"文件，
如图 2-24 所示。

图 2-24

04 选择"移动工具" ⊕，将
"素材 03.png"拖曳到"素
材 02.jpg"中，得到如图 2-25
所示的效果，在图层面板中会
生成"图层 1"，如图 2-26 所示。

图 2-25

图 2-26

05 将图层 1 的图层混合模式改为"叠加"，设
置"不透明度"为 65%，如图 2-27 所示，效
果如图 2-28 所示。

图 2-27

图 2-28

2.2.2 标尺与参考线

标尺和参考线能帮助用户精确地定位图像或
元素，执行"视图>标尺"菜单命令（快捷键为

Ctrl+R），即可在画布中显示出标尺，将鼠标指
针放置在左侧的竖直标尺上，然后按住鼠标左键向
右拖曳即可拖出竖直参考线，如图 2-29 和图 2-30
所示。参考线以浮动的状态显示在图像上方，在输
出和打印图像的时候，参考线不会显示。

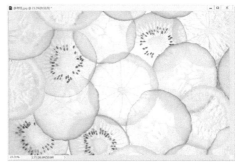

图 2-29

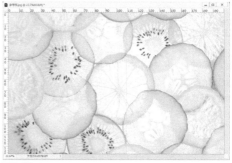

图 2-30

2.2.3 网格

网格可以帮助用户排列图像的参考线，默
认情况下显示为线条。执行"视图>显示>网
格"菜单命令（快捷键为 Ctrl+'），即可在画
布中显示出网格，如图 2-31 所示。

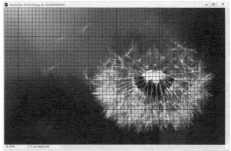

图 2-31

2.2.4 抓手工具

使用"抓手工具"可以在文档窗口中以拖曳的方式查看图像。在工具箱中单击"抓手工具"按钮 ✋，出现"抓手工具" ✋的属性栏，如图2-32所示。

图2-32

2.3 还原与裁剪图像

用Photoshop编辑图像时，难免会有操作错误的情况，这时需要撤销或返回所做的操作，重新编辑图像。

2.3.1 课堂案例：用"裁剪工具"调整图像主体

实例位置	无
素材位置	素材文件 >CH02> 素材 04.jpg
视频位置	多媒体教学 >CH02> 用"裁剪工具"调整图像主体 .mp4
技术掌握	"裁剪工具"的用法

当画布过大或者图像四周有不重要的元素时，可以裁剪掉多余的图像，以突出画面中的重要元素。图2-33是经过裁剪突出人像手中花朵后的效果。

图2-33

01 打开"素材文件 >CH02> 素材 04.jpg"文件，如图 2-34 所示。

02 单击"裁剪工具"按钮 ✂.（快捷键为 C），此时在画布中显示裁剪框，如图 2-35 所示。

图2-34　　　　　　　　图2-35

03 按住鼠标左键拖曳调整裁剪框上的控制点，确定裁剪区域，如图 2-36 所示。

04 按 Enter 键或双击，或在属性栏中单击"提交当前裁剪操作"按钮 ✓ 完成裁剪操作，最终效果如图 2-37 所示。

图2-36　　　　　　　　图2-37

2.3.2 还原

执行"编辑>还原"菜单命令（快捷键为Ctrl+Z），可以撤销最近的一次操作，将文件还原到上一步操作状态。如果要连续还原，只需要连续使用"编辑>还原"菜单命令来逐步撤销操作即可。

2.3.3 切换最终状态与重做

执行"编辑>切换最终状态"菜单命令（快捷键为Alt+Ctrl+Z），可以撤销最近的一次操作，将文件还原到上一步操作状态，或恢复被撤销的操作；如果要取消还原的操作，可以连续执行"编辑>重做"菜单命令（快捷键为Shift+Ctrl+Z）逐步恢复被撤销的操作。

2.3.4 恢复

执行"文件>恢复"菜单命令（快捷键为F12），可以直接将文件恢复到最后一次保存时的状态，或返回到刚打开文件时的状态。

> 💡 小提示
>
> "恢复"命令只能对已有图像进行恢复。如果是新建的文件，"恢复"命令将不可用。

2.3.5 历史记录的还原操作

编辑图像时，每进行一次操作，Photoshop都会将其记录到"历史记录"面板中。也就是说，在"历史记录"面板中可以恢复到某一步的状态，同时也可以返回到当前的操作状态。

执行"窗口>历史记录"菜单命令，打开"历史记录"面板，如图2-38所示。

图2-38

2.3.6 裁剪工具

为了使画面的构图更加完美，经常需要裁剪掉多余的内容。裁剪图像主要使用"裁剪工具"（快捷键为C）、"裁剪"命令和"裁切"命令来完成。

裁剪是指移去部分图像，以突出或加强构

图效果的过程。使用"裁剪工具"可以裁剪掉多余的图像，并重新定义画布的大小。

> 💡 小提示
>
> 选择"裁剪工具"后，在画布中会自动出现一个裁剪框，拖曳裁剪框上的控制点可以选择要保留的部分或旋转图像，然后按Enter键或双击即可完成裁剪。此时仍然可以继续对图像进行进一步的裁剪和旋转。按Enter键或双击后，单击其他工具可以完全退出裁剪操作。

在工具箱中选择"裁剪工具"，调出其属性栏，如图2-39所示。

图2-39

1. 选择预设长宽比或裁剪尺寸

如图2-40所示，在该下拉列表中可以选择一个约束选项，按一定比例对图像进行裁剪，图2-41和图2-42是按不同比例裁剪后的效果。

图2-40

图2-41　　图2-42

2. 拉直图像

单击按钮，在图像上绘制一条线来确定裁剪区域与裁剪框的旋转角度，如图2-43和图2-44所示。

图2-43　　图2-44

3. 设置裁剪工具的叠加选项

在该下拉列表中可以选择裁剪参考线的样式及其叠加方式，如图2-45所示。裁剪参考线包括"三等分""网格""对角""三角形""黄金比例""金色螺线"6种，叠加方式包括"自动显示叠加""总是显示叠加""从不显示叠加"3个选项，剩下的"循环切换叠加"和"循环切换取向"两个选项用来设置叠加的循环切换方式。图2-46所示为三角形裁剪参考线。

图 2-45

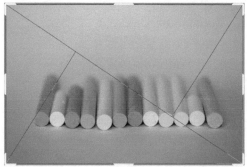
图2-46

4. 设置其他裁切选项

单击"设置其他裁切选项"按钮 ⚙，打开设置其他裁剪选项的面板，如图2-47所示。

图 2-47

● **使用经典模式：** 将自动切换为以前版本的裁剪方式。

● **显示裁剪区域：** 在裁剪图像的过程中，会显示被裁剪的区域。

● **自动居中预览：** 在裁剪图像时，裁剪预览效果会始终显示在画布的中央。

● **启用裁剪屏蔽：** 在裁剪图像的过程中查看被裁剪的区域。

● **不透明度：** 设置在裁剪过程中或完成后被

裁剪区域的不透明度，图2-48和图2-49所示是设置"不透明度"为25%和85%时的裁剪屏蔽（被裁剪区域）效果。

图 2-48

图 2-49

5. 删除裁剪的像素

如果勾选该选项，在裁剪结束时将删除被裁剪的图像；如果不勾选该选项，则将被裁剪的图像隐藏在画布之外。

6. 内容识别

勾选该选项，软件会自动分析周围图像的特点，将图像拼接组合后填充在该区域并进行融合，从而达到无缝的拼接效果。在勾选"内容识别"后，拖曳出如图2-50所示的裁剪框，按Enter键确认，得到如图2-51所示的效果。

图 2-50

图 2-51

2.3.7 透视裁剪图像

"透视裁剪工具" ⊞可以将图像中的某个区域裁剪下来作为纹理或仅校正某个偏斜的区域。图2-52所示是该工具的属性栏，此工具可以通过绘制出正确的透视形状，传达哪里是要被校正的图像区域。

图 2-52

"透视裁剪工具" ⊞非常适合裁剪具有透视关系的图像，下面就来学习该工具的使用方法。

01 按快捷键 Ctrl+O，打开一张图，如图 2-53 所示。

图 2-53

02 在工具箱中选择"透视裁剪工具"🔲.，然后在图像上拖曳出一个裁剪框，如图 2-54 所示。

图 2-54

03 仔细调节裁剪框上的 4 个控制点，调整裁剪框，让图像呈现正确的透视效果，如图 2-55 所示。

图 2-55

04 按 Enter 键确认，此时 Photoshop 会自动校正透视效果，最终效果如图 2-56 所示。

图 2-56

2.4 图像的变换

移动、旋转、缩放、扭曲和斜切等是处理图像的基本方法。执行"编辑"菜单中的"自由变换"或"变换"命令，可以对图像进行移动、旋转、缩放、扭曲、斜切和变形等操作。

2.4.1 课堂案例：用"变换"命令替换图像素材

实例位置	实例文件 >CH02> 用"变换"命令替换图像素材 .psd
素材位置	素材文件 >CH02> 素材 05.jpg、素材 06.jpg
视频位置	多媒体教学 >CH02> 用"变换"命令替换图像素材 .mp4
技术掌握	"移动工具"和"变换"命令的使用方法

本案例是将书籍中的图片用其他图像素材替换，需要运用"变换"命令调整照片的大小和角度，使其与背景协调。图2-57为替换后的效果。

图 2-57

01 打开"素材文件 > CH02> 素材 05.jpg"背景文件，如图 2-58 所示。

图 2-58

02 打开"素材 06.jpg"文件，导入背景中，然后执行"编辑 > 变换 > 缩放"命令，调整图片大小和位置，如图 2-59 所示。

图 2-59

03 执行"编辑 > 变换 > 扭曲"命令，使图像四角与原素材四角重合，如图 2-60 所示。

图 2-60

04 执行"编辑 > 变换 > 变形"命令，调整图像四周的弧度至与原素材重合，如图 2-61 所示。

图 2-61

05 按 Enter 键确认，得到如图 2-62 所示的效果。

图 2-62

2.4.2 移动工具

"移动工具" ⊕ 的快捷键为 V，可以在文档中移动图层、选区中的图像，也可以将其他文档中的图像拖曳到当前文档中。图 2-63 所示是该工具的属性栏。

图 2-63

- **自动选择：**对于具有多个图层或多个图层组的图像，勾选"自动选择"后，在图像窗口中单击，软件会自动选中单击位置所在的图层或图层组。

- **显示变换控件：**勾选"显示变换控件"，被选择图层的四周将出现控制点，利用该选项可以灵活地调整被选择图层的大小和方向。

- **对齐：**当同时选择了两个或两个以上的图层时，单击相应的按钮可以将所选图层对齐。对齐方式包括"顶对齐" ⊪、"垂直居中对齐" ⊪、"底对齐" ⊪、"左对齐" ⊪、"水平居中对齐" ⊪ 和"右对齐" ⊪。

- **分布：**如果选择了 3 个或 3 个以上的图层，单击相应的按钮可以将所选图层按一定规则均匀排列。分布方式包括"按顶分布" ≡、"垂直居中分布" ≡、"按底分布" ≡、"按左分布" ⊪、"水平居中分布" ⊪ 和"按右分布" ⊪。

1. 在同一个文档中移动图像

在"图层"面板中选择要移动的对象所在的图层，如图 2-64 所示，选择"移动工具" ⊕，在画布中拖曳即可移动选中的对象，如图 2-65 所示。

图 2-64

图 2-65

2. 在不同的文档间移动图像

打开两个或两个以上的文档，将鼠标指针放置在画布中，选择"移动工具" ⊹，将选定的"树"图像拖曳到另外一个文档的标题栏上，如图2-66所示。此时自动切换到另一个文档窗口，如图2-67所示，停留片刻后将图像移动到画面中，松开鼠标左键即可将图像放到文档中，同时软件会生成一个如图2-68所示的新图层。

图2-66

图2-67

图2-68

2.4.3 自由变换

"自由变换"命令的快捷键为Ctrl+T，可直接对图像进行移动、旋转、缩放，也可以在"自由变换"命令基础上，单击鼠标右键对图像进行斜切、扭曲、透视、变形、翻转等操作。

2.4.4 变换

在"编辑>变换"菜单中提供各种变换命令，如图2-69所示。用这些命令可以对图层、路径、矢量图形，以及选区中的图像进行变换操作。

图2-69

1. 缩放

使用"缩放"命令可以对图像进行缩放。图2-70为原图，不按任何按键，可以等比例缩放图像，如图2-71所示；如果按住Shift键，可以任意缩放图像，如图2-72所示；如果按住Alt键，可以以中心点为基准点等比例缩放图像，如图2-73所示。

图2-70

图2-71

图2-72

图2-73

2. 旋转

使用"旋转"命令可以围绕中心点转动变换对象。图2-74所示为原图，如果不按任何按键，可以以任意角度旋转图像，如图2-75所示；如果按住Shift键，可以以15°为单位旋转图像，如图2-76所示。

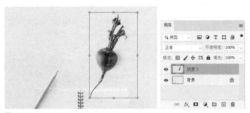

图2-74

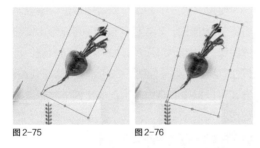

图2-75　　　　　　图2-76

3. 斜切

使用"斜切"命令可以在任意方向上倾斜图像。图2-77为原图，如果不按任何按键，可以在任意方向上倾斜图像，如图2-78所示；如果按住Shift键，可以在竖直或水平方向上倾斜图像；如果按住Alt键，可以围绕图像中点倾斜图像。

图2-77

图2-78

4. 扭曲

使用"扭曲"命令可以在各个方向上伸展变换对象。图2-79所示为原图，如果不按任何按键，可以在任意方向上扭曲图像，如图2-80所示；如果按住Shift键，可以在竖直或水平方向上扭曲图像；如果按住Alt键，可以围绕图像中点扭曲图像。

图2-79

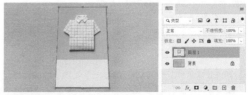

图2-80

5. 透视

使用"透视"命令可以对变换对象应用单点透视。拖曳定界框4个角上的控制点，可以在水平或竖直方向上对图像应用透视，如图2-81和图2-82所示。

图2-81

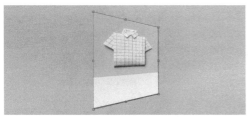

图 2-82

6. 变形

使用"变形"命令可以对图像的局部内容进行扭曲。如图2-83所示，执行该命令时，图像上将会出现变形锚点，拖曳锚点或调整锚点的方向线可以对图像进行更加自由和灵活的变形处理，如图2-84所示。

图 2-83

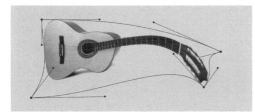

图 2-84

7. 水平翻转 / 垂直翻转

图2-85所示为原图，使用"水平翻转"命令可以将图像在水平方向上翻转，如图2-86所示；执行"垂直翻转"命令可以将图像在垂直方向上翻转，图2-87是执行"垂直翻转"命令后的效果。

图 2-85

图 2-86　　　　　　　　图 2-87

2.4.5　内容识别缩放

常规缩放在调整图像大小时会统一影响所有像素，而"内容识别缩放"命令主要影响没有重要可视内容区域中的像素。图2-88所示为原图，图2-89和图2-90所示分别是常规缩放和内容识别缩放效果。

图 2-88

图 2-89

图 2-90

根据这一章所讲的内容，本节安排了两个课后习题供读者练习。

2.5.1 课后习题：用"变换"命令制作照片墙

实例位置	实例文件 >CH02> 用"变换"命令制作照片墙 .psd
素材位置	素材文件 >CH02> 素材 07.jpg~ 素材 12.jpg
视频位置	多媒体教学 >CH02> 用"变换"命令制作照片墙 .mp4
技术掌握	"移动工具"和"变换"命令的用法

本习题是将照片放到照片墙上，运用"变换"命令调整照片的大小和角度，使其与背景协调，如图2-91所示。

图 2-91

01 打开相框素材，导入雏菊图片并调整大小和透视效果，如图 2-92 所示。

图 2-92

02 调整其他图片的大小和透视效果，如图 2-93 所示。

图 2-93

2.5.2 课后习题：制作证件照

实例位置	实例文件 >CH02> 制作证件照 .psd
素材位置	素材文件 >CH02> 素材 13.jpg
视频位置	多媒体教学 >CH02> 制作证件照 .mp4
技术掌握	"移动工具"和"裁剪工具"的使用方法

本习题利用"移动工具"和"裁剪工具"来制作证件照，如图2-94所示。

图 2-94

01 将图片裁剪为合适的尺寸并制作白边，如图 2-95 所示。

图 2-95

02 新建一个空白文档，将图片放入文档并多次复制，排列整齐，如图 2-96 所示。

图 2-96

第 3 章

03

图层的应用

本章导读

　　图层是 Photoshop 中重要的组成部分，我们可以把图层想象成一张一张叠起来的透明胶片，每张透明胶片上都有不同的画面，通过改变图层的顺序和属性可以改变图像的最终效果。通过编辑图层，并配合使用其特殊功能，可以创建出很多复杂的图像效果。

本章学习要点

图层的基础知识

用图层组管理图层

调整图层和图层样式的使用

图层混合模式的设置与使用

Photoshop

3.1 认识图层

图层是Photoshop中一个非常重要的功能，用户可以对每个图层中的对象单独进行处理，不会影响其他图层的内容。

3.1.1 课堂案例：创建简单的立体书效果图

实例位置	实例文件 >CH03> 创建简单的立体书效果图 .psd
素材位置	素材文件 >CH03> 素材 01.jpg、素材 02.psd、素材 03.psd、素材 04.jpg
视频位置	多媒体教学 >CH03> 创建简单的立体书效果图 .mp4
技术掌握	图层的基础知识

本案例讲解如何创建一个简单的立体书效果图，最终效果如图3-1所示。

图 3-1

01 打开"素材文件 >CH03> 素材 01.jpg"文件，如图 3-2 所示。

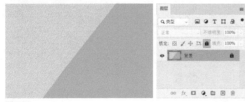

图 3-2

02 打开"素材 02.psd"文件，导入背景中，然后使用"移动工具"调整图像大小和位置，如图 3-3 所示。

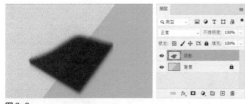

图 3-3

03 打开"素材 03.psd"文件，导入到"素材 02.psd"之上，然后调整图像大小和位置，如图 3-4 所示。

图 3-4

04 打开"素材 04.jpg"文件，导入到"素材 03.psd"中，然后执行"编辑 > 变换 > 缩放"命令，调整图像大小和位置，如图 3-5 所示。

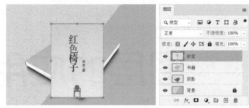

图 3-5

05 执行"编辑 > 变换 > 扭曲"命令，使图像四角与书本素材四角重合，按 Enter 键确认，如图 3-6 所示。

图 3-6

3.1.2 "图层"面板

"图层"面板是Photoshop中最重要、最常用的面板，主要用于创建、编辑和管理图层，以及为图层添加样式，如图3-7所示。

图层面板选项介绍

• **面板菜单** ≡：单击该图标，可以打开"图层"面板的面板菜单，如图3-8所示。

• **选取滤镜类型**：当文档中的图层较多时，可以在该下拉列表中选择一种过滤类型，以减少图层的显示，可供选择的类型包括"类型""名称""效果""模式""属性""颜色""智能对象""选定""画板"。例如,如图 3-9所示,"热气球"和"树"两个图层被标记为橙色,在"选取滤镜类型"下拉列表中选择"颜色"选项以后,"图层"面板就会过滤掉标记了颜色的图层,只显示没有标记颜色的图层,如图3-10所示。

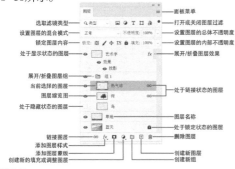

图 3-7

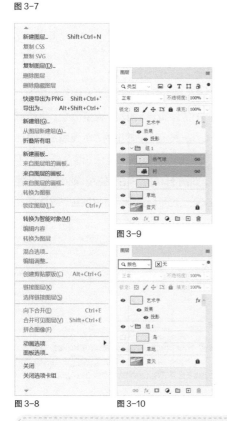

图 3-8   图 3-9   图 3-10

● **打开或关闭图层过滤**:单击该按钮,可以开启或关闭图层的过滤功能。

● **设置图层的混合模式**:用来设置当前图层的混合模式,使其与下面的图像混合。

● **锁定图层内容** 锁定: ⊠ ✓ ✦ 🔒:这一排按钮用于锁定当前图层的某种属性,使其不可编辑。

● **设置图层的总体不透明度**:用来设置当前图层的总体不透明度。

● **设置图层的内部不透明度**:用来设置当前图层的填充不透明度。该选项与"不透明度"选项类似,但是不会影响图层样式效果。

● **展开/折叠图层效果**:单击 图标可以展开图层效果,以显示出当前图层添加的所有效果的名称。单击 图标可以折叠图层效果。

● **当前选择的图层**:当前处于选择或编辑状态的图层。处于这种状态的图层在"图层"面板中底色显示为灰色。

● **处于链接状态的图层**:当链接好两个或两个以上的图层以后,图层名称的右侧就会显示出链接标志 ∞。链接好的图层可以一起移动或变换等。

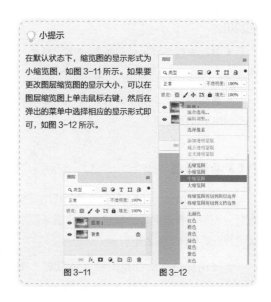

此外，还可以在"图层"面板的菜单中选择"面板选项"命令，打开"图层面板选项"对话框，在该对话框中选择图层缩览图的显示大小，如图3-13所示。

图3-13

- **图层名称**：显示图层的名称。

- **处于锁定状态的图层**：当图层名称右侧显示有🔒图标时，表示该图层处于被锁定状态。

- **链接图层** ∞：用来链接当前选择的多个图层。

- **添加图层样式** fx：单击该按钮，在弹出的菜单中选择一种样式，可以为当前图层添加一个图层样式。

- **添加图层蒙版** ▢：单击该按钮，可以为当前图层添加一个蒙版。

- **创建新的填充或调整图层** ◑：单击该按钮，在弹出的菜单中选择相应的命令即可创建填充图层或调整图层。

- **创建新组** ▢：单击该按钮可以新建一个图层组。

- **创建新图层** ▢：单击该按钮可以新建一个图层。

- **删除图层** 🗑：单击该按钮可以删除当前选择的图层或图层组。

3.1.3 新建图层

在使用Photoshop时，经常需要新建图层或在背景图层与普通图层之间转换，熟练掌握相关的知识能提升工作效率。

新建图层的方法有很多种，可以在"图层"面板中创建新的普通空白图层，也可以通过复制已有的图层来创建新的图层，还可以将图像中的局部创建为新的图层，当然也可以通过相应的命令来创建不同类型的图层，下面介绍4种新建图层的方法。

1.在"图层"面板中创建图层

在"图层"面板底部单击"创建新图层"按钮 ▢，即可在当前图层的上方新建一个图层，如图3-14所示。如果要在当前图层的下方新建一个图层，按住Ctrl键单击"创建新图层"按钮 ▢ 即可。

💡 小提示

注意，如果当前图层为"背景"图层，则按住Ctrl键单击"创建新图层"按钮 ▢ 不能在其下方新建图层。

图3-14

2.用"新建"命令新建图层

如果要在创建图层的时候设置图层的属性，可以执行"图层>新建>图层"菜单命令（快捷键为Shift+Ctrl+N），在弹出的"新建图层"对话框中可以设置图层的名称、颜色、混合模式和不透明度等，如图3-15所示。按住Alt键单击"创建新图层"按钮 ▢ 也可以打开"新建图层"对话框。

图3-15

💡 小提示

在"新建图层"对话框中可以设置图层的颜色，例如，设置"颜色"为"蓝色"，如图3-16所示，那么新建出来的图层就会被标记为蓝色，这样有助于区分不同用途的图层，如图3-17所示。

图3-16   图3-17

3. 用"通过拷贝的图层"命令创建图层

选择一个图层以后，执行"图层>新建>通过拷贝的图层"菜单命令（快捷键为Ctrl+J），可以将当前图层复制一份；如果当前图像中存在选区，如图3-18所示，执行该命令可以将选区中的图像复制到一个新的图层中，如图3-19所示。

图3-18　　　　　　　　　图3-19

4. 用"通过剪切的图层"命令创建图层

如果在图像中创建了选区，如图3-20所示，然后执行"图层>新建>通过剪切的图层"菜单命令（快捷键为Shift+Ctrl+J），可以将选区内的图像剪切到一个新的图层中，如图3-21所示。

图3-20　　　　　　　　　图3-21

3.1.4 背景图层的转换

在一般情况下，"背景"图层都处于被锁定、无法编辑的状态。因此，如果要对"背景"图层进行操作，就需要将其转换为普通图层。当然，也可以将普通图层转换为"背景"图层。

1. 将背景图层转换为普通图层

如果要将"背景"图层转换为普通图层，可以采用以下4种方法。

第1种：在"背景"图层上单击鼠标右键，然后在弹出的菜单中选择"背景图层"命令，如图3-22所示，打开"新建图层"对话框，接着单击"确定"按钮（确定）即可将其转换为普通图

层，如图3-23所示。

图3-22　　　　　　　　　图3-23

第2种：在"背景"图层的缩览图上双击，打开"新建图层"对话框，然后单击"确定"按钮（确定）即可。

第3种：按住Alt键双击"背景"图层的缩览图，"背景"图层将被直接转换为普通图层。

第4种：执行"图层>新建>背景图层"菜单命令，然后单击"确定"按钮（确定），即可将"背景"图层转换为普通图层。

2. 将普通图层转换为背景图层

如果要将普通图层转换为"背景"图层，可以采用以下两种方法。

第1种：在图层名称上单击鼠标右键，然后在弹出的菜单中选择"拼合图像"命令，如图3-24所示，此时图层将被转换为"背景"图层，如图3-25所示。另外，执行"图层>拼合图像"菜单命令，也可以将图像拼合成"背景"图层。

图3-24　　　　　　　　　图3-25

> 💡 小提示
>
> 在使用"拼合图像"命令之后，当前所有图层都会被合并到"背景"图层中。

第2种：执行"图层>新建>图层背景"菜单命令，然后单击"确定"按钮（确定），可以将普通图层转换为"背景"图层。

3.2 管理图层

以层为基础进行编辑是Photoshop的核心思路。在Photoshop中，图层是使用Photoshop编辑处理图像时必备的承载元素。通过图层的堆叠与混合可以制作出多种多样的效果，用图层来实现效果是一种直观而简便的方法。

3.2.1 课堂案例：给人像制作逼真的影子

实例位置	实例文件 >CH03> 给人像制作逼真的影子 .psd
素材位置	素材文件 >CH03> 素材 05.jpg、素材 06.psd
视频位置	多媒体教学 >CH03> 给人像制作逼真的影子 .mp4
技术掌握	图层的基本操作和图层的不透明度

本案例讲解如何给人像制作逼真的影子，最终效果如图3-26所示。

图 3-26

01 打开"素材文件 >CH03> 素材 05.jpg"文件，如图 3-27 所示。

图 3-27

02 打开"素材 06.psd"文件，导入背景中，然后执行"编辑 > 变换 > 缩放"命令，调整人像大小和位置，如图 3-28 所示。

图 3-28

03 按快捷键 Ctrl+J 将人像图层复制一层，然后执行"选择 > 载入选区"命令，载入人像拷贝图层的选区，效果如图 3-29 所示。

图 3-29

04 按快捷键 Shift+F5，打开"填充"对话框，为选区填充黑色，然后按快捷键 Ctrl+D 取消选区，即可得到如图 3-30 所示的效果。

图 3-30

05 执行"编辑 > 变换 > 旋转"命令，将人像拷贝图层中的图像调整到如图 3-31 所示的位置。

图 3-31

06 执行"滤镜 > 模糊 > 高斯模糊"命令，设置"半径"为 5 像素，如图 3-32 所示。

图 3-32

07 在图层面板中将人像拷贝图层"不透明度"修改为 45%，并将它移动到人像图层下方，最终效果如图 3-33 所示。

图 3-33

3.2.2 图层的基本操作

图层的基本操作包括选择/取消选择图层、复制图层、删除图层、显示/隐藏图层、链接/取消链接图层和修改图层的名称与颜色。

1. 选择 / 取消选择图层

• 如果要对文档中的某个图层进行操作，就必须先选中该图层。在Photoshop中，可以选择单个图层，也可以选择多个连续的图层或选择多个非连续的图层。

• 如果要选择一个图层，只需要在"图层"面板中单击该图层即可将其选中。

• 如果要选择多个连续的图层，可以先选择位于顶端的图层，然后按住Shift键，单击位于底端的图层，即可选择这两个图层及其之间的连续的图层。

> 💡 小提示
>
> 如果按 Ctrl 键连续选择多个图层，只能单击其他图层的名称，绝对不能单击图层缩览图，否则会载入图层的选区。

• 如果要选择多个非连续的图层，可以先选择其中一个图层，然后按住Ctrl键单击其他图层的名称。

> 💡 小提示
>
> 选择一个图层后，按快捷键 Ctrl+] 可以将当前图层移动到与之相邻的上一个图层上方，按快捷键 Ctrl+[可以将当前图层移动到与之相邻的下一个图层下方。

• 如果要选择所有图层，可以执行"选择>所有图层"菜单命令（快捷键为Alt+Ctrl+A）。

• 如果要选择链接的图层，可以先选择一个链接图层，然后执行"图层>选择链接图层"菜单命令即可。

• 如果不想选择任何图层，可以在"图层"面板中最下面的空白处单击。另外，执行"选择>取消选择图层"菜单命令也可以达到相同的目的。

2. 复制图层

复制图层在Photoshop中经常使用，下面讲解4种复制图层的方法。

第1种：选择一个图层，然后执行"图层>复制图层"菜单命令，单击"确定"按钮 确定 即可复制选中的图层。

第2种：选择要复制的图层，然后在其名称上单击鼠标右键，接着在弹出的菜单中选择"复制图层"命令，单击"确定"按钮 确定 ，即可复制选中的图层。

第3种：直接将图层拖曳到"创建新图层"按钮 回 上，即可复制选中的图层。

第4种：选择需要复制的图层，然后按快捷键Ctrl+J。

3. 删除图层

如果要删除一个或多个图层，可以先将其选中，然后执行"图层>删除>图层"菜单命令。

> 💡 小提示
>
> 如果要快速删除图层，可以将其拖曳到"删除图层"按钮 圙 上，也可以按 Delete 键。

4. 显示 / 隐藏图层

图层缩览图左侧的眼睛图标 ● 用来控制图层的可见性。有该图标的图层为可见图层，没有该图标的图层为隐藏图层。单击眼睛图标 ● 可以隐藏图层。隐藏的图层不能编辑，但可以合并和删除。如果要重新显示图层，可在原眼睛图标 ● 处单击。

5.链接 / 取消链接图层

如果要同时处理多个图层中的内容（如移动、应用变换或创建剪贴蒙版），可以将这些图层链接在一起。选择两个或多个图层，然后执行"图层>链接图层"菜单命令或在"图层"面板中单击"链接图层"按钮 ∞，如图3-34所示，可以将这些图层链接起来，如图3-35所示。再次单击该按钮即可取消图层链接。

图 3-34

图 3-35

> 💡 小提示
>
> 将图层链接在一起后，当移动其中一个图层或对其进行变换的时候，与其链接的图层也会发生相应的变化。

6.修改图层的名称与颜色

在一个图层较多的文档中，修改图层名称及颜色有助于快速找到相应的图层。如果要修改某个图层的名称，可以执行"图层>重命名图层"菜单命令，也可以在图层名称上双击，激活名称输入框，如图3-36所示，然后在输入框中输入新名称即可。

如果要修改图层的颜色，可以先选择该图层，然后在图层缩览图或图层名称上单击鼠标右键，在弹出的菜单中选择相应的颜色即可，如图3-37和图3-38所示。

图 3-36

图 3-37

图 3-38

3.2.3 栅格化图层内容

对于文字图层、形状图层、矢量蒙版图层和智能对象图层等包括矢量数据的图层，不能直接在上面进行编辑，需要先将其栅格化才能进行相应的操作。选择需要栅格化的图层，然后执行"图层>栅格化"菜单中的命令，可以将相应的图层栅格化，如图3-39所示。

图 3-39

栅格化图层命令介绍

● **文字**：栅格化文字图层，使文字变为光栅图像，如图3-40和图3-41所示。栅格化文字图层以后，文本内容将不能再编辑。

图 3-40   图 3-41

● **智能对象**：栅格化智能对象图层，使其转换为像素图像。

● **图层/所有图层**：执行"图层"命令，可以栅格化当前选定的图层；执行"所有图层"命令，可以栅格化包括矢量数据、智能对象和生成的数据的所有图层。

3.2.4 调整图层的排列顺序

在创建图层时，"图层"面板将按照创建的先后顺序来排列图层，创建图层以后，可以重新调整其排列顺序，调整图层的排列顺序的方法有两种。

1. 在"图层"面板中调整图层的排列顺序

在图层面板中，选中需要调整的图层，然后拖曳图层至目标位置，即可调整图层顺序，例如，将图3-42中的热气球图层拖曳到白云图层下方，即可得到如图3-43所示的效果。

图3-42

图3-43

2. 用"排列"命令调整图层的排列顺序

通过"排列"命令也可以改变图层排列的顺序。选择一个图层，然后执行"图层>排列"菜单中的命令，可以调整图层的排列顺序，如图3-44
所示。

图3-44

排列命令介绍

● **置为顶层**：将所选图层调整到顶层，快捷键为Shift+Ctrl+]。

● **前移一层/后移一层**：将所选图层向上或向下移动一层，快捷键分别为Ctrl+]和Ctrl+[。

● **置为底层**：将所选图层调整到底层，快捷键为Shift+Ctrl+[。

● **反向**：在"图层"面板中选择多个图层，执行该命令可以反转所选图层的排列顺序。

3.2.5 调整图层的不透明度与填充

"图层"面板中有专门对图层的不透明度与填充进行调整的选项，两者从本质上来讲都是对不透明度进行调整，100%为完全不透明，50%为半透明，0%为完全透明。图3-45包括背景和两个一模一样的文字图层素材，文字图层都添加了相同的投影效果，将文字拷贝图层（下方）的不透明度修改为0%，即可得到如图3-46所示的效果，接着将文字图层（上方）的填充修改为0%，即可得到如图3-47所示的效果。

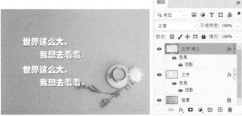

图3-45

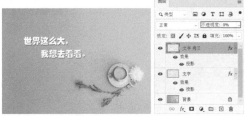

图3-46

图3-47

> 💡 小提示
>
> 不透明度用于控制图层、图层组中绘制的像素和形状的不透明度，如果对图层应用了图层样式，则图层样式的不透明度也会受到该值的影响；填充只影响图层中绘制的像素和形状的不透明度，不会影响图层样式的不透明度。

3.2.6 对齐与分布图层

对齐命令能将多个图层快速地对齐，分布命令可以使图层按照一定的规律均匀分布。

1. 对齐图层

如果需要将多个图层对齐，需要在"图层"面板中选择这些图层，然后执行"图层>对齐"菜单中的命令，如图3-48所示。图3-49包括背景和4个图标图层的素材，将4个图标图层选择后，执行"图层>对齐>底边"命令，可以得到如图3-50所示的效果。

图3-48

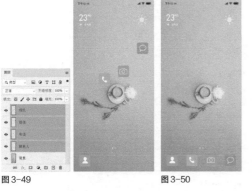

图3-49　　　　　　　　图3-50

2. 分布图层

当一个文档中包括多个图层（至少为3个图层，且"背景"图层除外）时，可以执行"图层>分布"菜单中的命令使这些图层按照一定的规律均匀分布，如图3-51所示。图3-52包括背景和4个图标图层的素材，将4个图标图层选中后，执行"图层>分布>水平居中"命令，即可得到如图3-53所示的效果。

图3-51

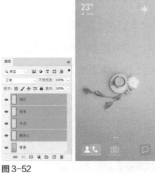

图3-52　　　　　　　　图3-53

3.2.7 合并与盖印图层

如果一个文档中含有过多的图层、图层组及图层样式，会耗费非常多的内存资源，从而减慢计算机的运行速度。遇到这种情况，可以删除无用的图层、合并同一个内容的图层等来减小文档的体积。

1. 合并图层

合并图层就是将两个或两个以上的图层合并为一个图层，主要包括向下合并、合并可见图层和拼合图像。

● **向下合并**：向下合并图层是将当前图层与它下方的图层合并，可以执行"图层>向下合并"菜单命令（快捷键为Ctrl+E）合并图层。

● **合并可见图层**：合并可见图层是将当前所有的可见图层合并为一个图层，执行"图层>合并可见图层"菜单命令即可，如图3-54和图3-55所示。

图3-54　　　　　　　　图3-55

● **拼合图像**：拼合图像是将所有可见图层合并，隐藏的图层被丢弃，执行"图层>拼合图像"菜单命令即可，如图3-56和图3-57所示。

图 3-56　　　　　　图 3-57

2. 盖印图层

"盖印"是一种合并图层的特殊方法，它可以将多个图层的内容合并到一个新的图层中，同时保持原图层不变。盖印图层在实际工作中经常用到，是一种很实用的图层合并方法。

● **向下盖印图层**：选择一个图层，如图3-58所示，然后按快捷键Ctrl+Alt+E，可以将该图层中的图像盖印到下面的图层中，原图层的内容保持不变，如图3-59所示。

图 3-58　　　　　　图 3-59

● **盖印多个图层**：如果选择了多个图层，如图3-60所示，按快捷键Ctrl+Alt+E，可以将这些图层中的图像盖印到一个新的图层中，原图层的内容保持不变，如图3-61所示。

图 3-60

图 3-61

● **盖印可见图层**：按快捷键Ctrl+Shift+Alt+E，可以将所有可见图层盖印到一个新的图层中，如图3-62和图3-63所示。

图 3-62　　　　　　图 3-63

● **盖印图层组**：选择图层组，然后按快捷键Ctrl+Alt+E，可以将组中所有图层内容盖印到一个新的图层中，原图层组中的内容保持不变。

3.2.8　创建与解散图层组

随着图像编辑的进行，图层的数量往往会越来越多，少则几个，多则几十个、几百个，要在如此之多的图层中找到需要的图层，将会是一件非常麻烦的事情。如果使用图层组来管理同一个内容部分的图层，就可以使"图层"面板中的图层结构更加有条理，寻找起来也更加方便快捷。

创建图层组后，可以方便快捷地移动整个图层组的所有图像，提高工作效率。

1. 创建图层组

创建图层组的方法有3种，分别是在图层面板中创建图层组、用"新建"命令创建图层组和从所选图层创建图层组。

第1种：如图3-64所示，在"图层"面板下单击"创建新组"按钮 ▢，可以创建一个空白的图层组，如图3-65所示。

图 3-64   图 3-65

第2种：如果要在创建图层组时设置组的名称、颜色、混合模式和不透明度，可以执行"图层>新建>组"菜单命令，在弹出的"新建组"对话框中就可以设置这些属性，如图3-66和图3-67所示。

图 3-66    图 3-67

第3种：选择一个或多个图层，如图3-68所示，然后执行"图层>图层编组"菜单命令（快捷键为Ctrl+G），可以为所选图层创建一个图层组，如图3-69所示。

图 3-68   图 3-69

2. 取消图层编组

如果要取消图层编组，可以执行"图层>取消图层编组"菜单命令（快捷键为Shift+Ctrl+G），也可以在图层组名称上单击右键，然后在弹出的菜单中选择"取消图层编组"命令，如图3-70所示。

图 3-70

3.2.9 将图层移入或移出图层组

选择一个或多个图层，然后将其拖曳到图层组内，可以将其移入图层组，如图3-71和图3-72所示；相反，将图层组中的图层拖曳到组外，就可以将其移出图层组。

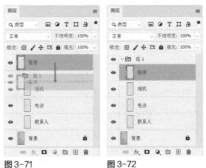

图 3-71   图 3-72

3.3 填充图层与调整图层

Photoshop的一大常用功能就是对图像进行调色，怎样才能做到在添加填充图层和调整图层后使图像不受损害，是这一节研究的重点。

3.3.1 课堂案例：用调整图层除去图像中的灰色

实例位置	实例文件 >CH03> 用调整图层除去图像中的灰色 .psd
素材位置	素材文件 >CH03> 素材 07.jpg
视频位置	多媒体教学 >CH03> 用调整图层除去图像中的灰色 .mp4
技术掌握	调整图层的用法

本案例讲解如何用调整图层除去图像中的灰色，最终效果如图3-73所示。

图 3-73

01 打开"素材文件 >CH03> 素材 07.jpg"文件，如图 3-74 所示。

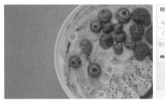

图 3-74

02 执行"图像 > 调整 > 色阶"菜单命令，打开
"色阶"对话框，
如图 3-75 所示，
设置暗部输入色阶
为 41，亮部输入色
阶为 208，图像中
的灰色就被消除了，
如图 3-76 所示。

图 3-75

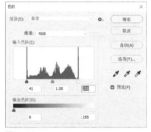

图 3-76

3.3.2 填充图层

填充图层是一种比较特殊的图层，它是使用纯色、渐变或图案填充的图层。与调整图层不同，填充图层不会影响它下面的图层。

1. 纯色填充图层

纯色填充图层是用一种颜色填充的图层，并带有一个图层蒙版。打开一个图像，如图 3-77 所示，然后执行"图层>新建填充图层>纯色"菜单命令，弹出"新建图层"对话框，如图 3-78 所示，在该对话框中可以设置纯色填充图层的名称、颜色、混合模式和不透明度，并且可以为下一图层创建剪贴蒙版。

图 3-77

图 3-78

在"新建图层"对话框中设置好相关选项以后，单击"确定"按钮，打开"拾色器"对话框，拾取一种颜色，如图 3-79 所示，然后单击"确定"按钮，创建一个纯色填充图层，如图 3-80 所示。

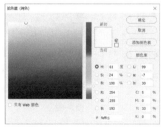

图 3-79

图 3-80

创建好纯色填充图层以后，可以调整混合模式、不透明度或编辑自带的蒙版，使其与下面的图像混合在一起，图3-81是将图层的混合模式修改为"颜色"后的效果。

图3-81

2. 渐变填充图层

渐变填充图层是用一种渐变色填充的图层。执行"图层>新建填充图层>渐变"菜单命令，打开"新建图层"对话框，在该对话框中可以设置渐变填充图层的名称、颜色、混合模式和不透明度，并且可以为下一图层创建剪贴蒙版。

打开一个图像，如图3-82所示，然后执行"图层>新建填充图层>渐变"菜单命令，打开"新建图层"对话框，参照如图3-83所示的参数设置进行设置，单击"确定"按钮，创建一个渐变填充图层，最终效果如图3-84所示。

与纯色填充图层相同，创建渐变填充图层后，也可以设置"混合模式""不透明度"或编辑蒙版，使其与下面的图像混合在一起。

图3-82

图3-83

图3-84

3. 图案填充图层

图案填充图层是用一种图案填充的图层。执行"图层>新建填充图层>图案"菜单命令，打开"新建图层"对话框，在该对话框中可以设置图案填充图层的名称、颜色、混合模式和不透明度，并且可以为下一图层创建剪贴蒙版。

💡 小提示

填充图层也可以直接在"图层"面板中创建。单击"图层"面板底部的"创建新的填充或调整图层"按钮，在弹出的菜单中选择相应的命令即可，如图3-85所示。

图3-85

3.3.3 调整图层

调整图层是一种非常重要且特殊的图层，它可以调整图像的颜色和色调，而且不会破坏图像的像素。

1. 调整图层与调色命令的区别

在Photoshop中，有两种基本的调整图像色彩的方法。

第1种：直接执行"图像>调整"菜单中的调色命令进行调整。这种方式属于不可修改方式，也就是说一旦调整了图像的色调，就不可以再重新修改调色命令的参数。

第2种：以"色相/饱和度"调色命令为例进行说明。打开素材，如图3-86所示。执行"图层>新建调整图层>色相/饱和度"菜单命令，如图3-87所示。执行该命令后，会在"背景"图层的上方创建一个"色相/饱和度"图层，此时可以在"属性"面板中调整颜色，效果如图3-88所示。与第1种调色方式不同的是调整图层将保留下来，如果对调整效果不满意，还可以重新设置其参数，并且还可以编辑"色相/饱和度"调整图层的蒙版，使调色只针对背景中的某一区域，如图3-89所示。

图 3-86

图 3-87

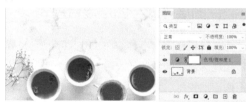

图 3-88

图 3-89

综上所述，调整图层的优点如下。

第1点：编辑不会破坏图像。可以随时修改调整图层的相关参数值，并且可以修改其混合模式与不透明度。

第2点：编辑具有选择性。在调整图层的蒙版上绘画，可以将调整应用于图像的一部分。

第3点：能够将调整应用于多个图层。调整图层不仅可以只对一个图层产生作用（创建剪贴蒙版），还可以对下面的所有图层产生作用。

2."调整"面板

执行"窗口>调整"菜单命令，打开"调整"面板，如图3-90所示，其面板菜单如图3-91所示。在"调整"面板中单击相应的按钮，可以创建相应的调整图层，也就是说这些按钮与"图层>新建调整图层"菜单中的命令相对应。

图 3-90   图 3-91

3."属性"面板

创建调整图层以后，可以在"属性"面板中修改其参数，如图3-92所示。

图 3-92

"属性"面板选项介绍

● **"单击可剪切到图层"** ▣：单击该按钮，此时该按钮会变为"单击可影响下面的所有图层"按钮 ▣，它可以将调整图层设置为下一图层的剪贴蒙版，让该调整图层只作用于它下面的一个图层，如图3-93所示；而单击"可影响下面的所有图层"按钮 ▣，该按钮又会会变为单击"可剪切到图层" ▣ 按钮，此时调整图层会影响下面的所有图层，如图3-94所示。

图3-93

图3-94

● **查看上一状态** ⟲：单击该按钮，可以在文档窗口中查看图像的上一个调整效果，以比较两种不同的调整效果。

● **复位到调整默认值** ⟲：单击该按钮，可以将调整参数恢复到默认值。

● **切换图层可见性** ◉：单击该按钮，可以隐藏或显示调整图层。

● **删除此调整图层** 🗑：单击该按钮，可以删除当前调整图层。

4.新建调整图层

新建调整图层的方法共有以下3种。

第1种： 执行"图层>新建调整图层"菜单中的调整命令。

第2种： 在"图层"面板底部单击"创建新的填充或调整图层"按钮 ◑，然后在弹出的菜单中选择相应的调整命令，如图3-95所示。

图3-95

第3种： 执行"窗口>调整"菜单命令，打开"调整"面板，然后单击相应的按钮。

3.4 图层样式与图层混合模式

"图层样式"也称"图层效果"，它是制作纹理、质感和特效的灵魂，可以为图层中的图像添加投影、发光、浮雕、光泽和描边等效果，以创建出诸如金属、玻璃、水晶等特效及具有立体感的特效。

3.4.1 课堂案例：制作有质感的口红颜色

实例位置	实例文件 >CH03> 制作有质感的口红颜色 .psd
素材位置	素材文件 >CH03> 素材 08.jpg
视频位置	多媒体教学 >CH03> 制作有质感的口红颜色 .mp4
技术掌握	图层样式和混合模式的用法

本案例讲解如何利用图层样式制作有质感的口红颜色，最终效果如图3-96所示。

图 3-96

01 打开"素材文件 >CH03> 素材 08.jpg"文件，
如图 3-97 所示。

图 3-97

02 在图层面板底部单击"创
建新图层"按钮，新建一
个图层，如图 3-98 所示。

图 3-98

03 单击前景色图标，选择如图 3-99 所示的颜
色，然后选择"画笔工具"，设置画笔样式为"柔

角 30"，在
图像窗口中的
人像嘴唇上涂
抹，效果如图
3-100 所示。

图 3-99

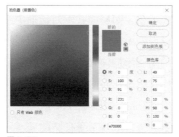

图 3-100

04 在图层面板中将图层1的混合模式修改为"正
片叠底"，如图 3-101 所示。

图 3-101

05 执行"图层 > 图层样式 > 混合选项"菜单命
令，打开"图层样式"对话框，按住 Alt 键，单
击混合颜色带中"下一图层"的白色滑块，如
图 3-102 所示，分别调整分开后的两个滑块至
170 和 221 处，透出部分下层人像的细节，如
图 3-103 所示。

图 3-102

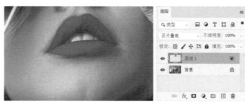

图 3-103

3.4.2 添加图层样式

如果要为一个图层添加图层样式，先要打
开"图层样式"对话框。打开"图层样式"对
话框的方法主要有以下3种。

第1种：执行"图层>图层样式"菜单中的
命令，如图3-104所示，弹出"图层样式"对
话框，如图3-105所示。

图 3-104

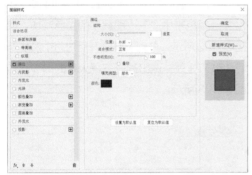

图 3-105

第2种： 在"图层"面板中单击"添加图层样式"按钮 fx ，在弹出的菜单中选择一种样式，如图3-106所示，即可打开"图层样式"对话框。

第3种： 在"图层"面板中双击需要添加样式的图层缩览图，也可打开"图层样式"对话框。

图 3-106

3.4.3 "图层样式"对话框

"图层样式"对话框的左侧列出了10种样式，如图3-107所示。样式名称前面的复选框内有√标记，表示在图层中添加了该样式。

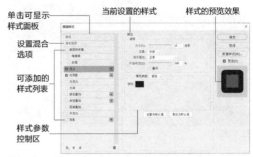

图 3-107

单击一个样式的名称，可以选中该样式，同时切换到该样式的设置面板，如图3-108所示。

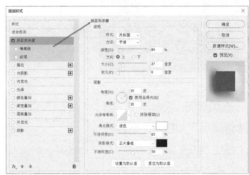

图 3-108

在"图层样式"对话框中设置好样式参数以后，单击"确定"按钮 确定 即可为选定的图层添加样式，添加了样式的图层右侧会出现一个 fx 图标，如图3-109所示。另外，单击 fx 右侧的箭头图标 可以折叠或展开图层样式列表。

图 3-109

图3-110中包括两个图层，选择上面的文字图层后，打开"图层样式"对话框，然后为该图层添加各种图层样式，查看图层样式效果。

图 3-110

1. 斜面和浮雕

使用"斜面和浮雕"样式可以为图层添加高光与阴影，使图像产生立体的浮雕效果，参照图3-111设置参数，即可得到如图3-112所示的浮雕效果。

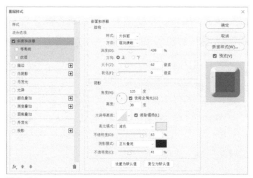

图 3-111

图 3-112

斜面和浮雕选项介绍

● **样式**：用来选择斜面和浮雕的样式。选择"外斜面"，可以在图层内容的外侧边缘创建斜面；选择"内斜面"，可以在图层内容的内侧边缘创建斜面；选择"浮雕效果"，可以使图层内容相对于下方图层产生浮雕状的效果；选择"枕状浮雕"，可以模拟图层内容的边缘嵌入下方图层中产生的效果；选择"描边浮雕"，可以将浮雕应用于图层的"描边"样式的边界上（注意：如果图层没有"描边"样式，则不会产生效果）。

● **方法**：用来选择创建浮雕的方法。选择"平滑"，可以得到比较柔和的边缘；选择"雕刻清晰"，可以得到最精确的浮雕边缘；选择"雕刻柔和"，可以得到中等水平的浮雕效果。

● **深度**：用来设置浮雕斜面的深度，数值越高，浮雕的立体感越强。

● **方向**：用来设置高光和阴影的位置。该选项与光源的角度有关，例如，设置"角度"为120°时，选择"上"方向，那么阴影就位于下面；选择"下"方向，阴影则位于上面。

● **大小**：该选项表示斜面和浮雕的阴影面积的大小。

● **软化**：用来设置斜面和浮雕的平滑程度。

● **角度/高度**：这两个选项用于设置光源的发光角度和光源的高度。

● **光泽等高线**：选择不同的等高线样式，可以为斜面和浮雕的表面添加不同的光泽质感，也可以自己编辑等高线样式。

2. 描边

"描边"样式可以使用颜色、渐变色及图案来描绘图像的轮廓，将"填充"的"不透明度"设置为0%，参照图3-113设置参数，即可得到如图3-114所示的描边效果。

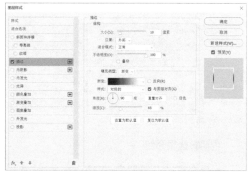

图 3-113

图 3-114

描边选项介绍

- **位置：** 选择描边的位置。

- **混合模式：** 设置描边效果与下层图像的混合模式。

- **填充类型：** 设置描边的填充类型，包括"颜色""渐变""图案"3种类型。

3. 内阴影

"内阴影"样式可以在图层内容的边缘内侧添加阴影，使图层内容产生凹陷效果，将"填充"的"不透明度"设置为0%，参照图3-115设置参数，即可得到如图3-116所示的效果。

图 3-115

图 3-116

内阴影选项介绍

- **混合模式/不透明度：** "混合模式"选项用来设置内阴影效果与下层图像的混合方式，"不

透明度"选项用来设置内阴影效果的不透明度。

- **设置阴影颜色：** 单击"混合模式"选项右侧的颜色块，可以设置阴影的颜色。

- **距离：** 用来设置内阴影偏离图层内容的距离。

- **大小：** 用来设置内阴影的模糊范围。值越小，内阴影越清晰；反之，内阴影的模糊范围越广。

- **杂色：** 用来在内阴影中添加杂色。

4. 内发光

使用"内发光"样式可以沿图层内容的边缘向内创建发光效果，将"填充"的"不透明度"设置为0%，参照图3-117设置参数，即可得到如图3-118所示的效果。

图 3-117

图 3-118

内发光选项介绍

- **设置发光颜色：** 单击"杂色"选项下面的颜色块，可以设置内发光颜色；单击颜色块后面的渐变条，可以在"渐变编辑器"对话框中选择或编辑渐变色。

- **方法**：用来设置发光的方式。选择"柔和"选项，发光效果比较柔和；选择"精确"选项，可以得到精确的发光边缘。

- **源**：用于选择内发光的位置，包括"居中"和"边缘"两种。

- **范围**：用于设置内发光的发光范围。数值越小，内发光范围越大，发光效果越清晰；数值越大，内发光范围越小，发光效果越模糊。

5. 光泽

使用"光泽"样式可以为图像添加光滑、有光泽的内部阴影，通常用来制作具有光泽质感的按钮和金属效果，设置"不透明度"为0%，然后参照图3-119设置参数，即可得到如图3-120所示的效果。

图 3-119

图 3-120

6. 颜色叠加

使用"颜色叠加"样式可以在图像上叠加设置的颜色效果。参照图3-121设置参数，即可得到如图3-122所示的效果。

7. 渐变叠加

使用"渐变叠加"样式可以在图像上叠加指定的渐变色效果。参照图3-123设置参数，即

可得到如图3-124所示的效果。

图 3-121

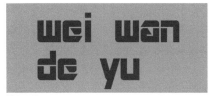

图 3-122

图 3-123

图 3-124

8. 图案叠加

使用"图案叠加"样式可以在图像上叠加设置的图案效果。参照图3-125设置参数，即可得到如图3-126所示的效果。

图 3-125

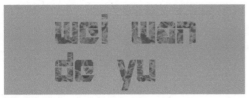

图 3-126

9. 外发光

使用"外发光"样式可以沿图层内容的边缘向外创建发光效果,将"不透明度"设置为0%,然后参照图3-127设置参数,即可得到如图3-128所示的效果。

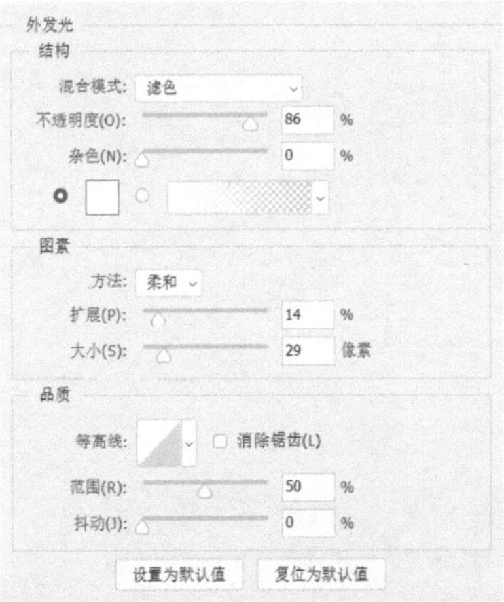

图 3-127

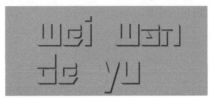

图 3-128

外发光选项介绍

● **扩展/大小**:"扩展"选项用来设置发光范围的大小,"大小"选项用来设置光晕范围的大小。这两个选项是有很大关联的,设置"大小"可以得到最柔和的外发光效果,设置"扩展"可以得到类似于描边的效果。

10. 投影

使用"投影"样式可以为图层添加投影,

使其产生立体感,将"不透明度"设置为0%,参照图3-129设置参数,即可得到如图3-130所示的效果。

图 3-129

图 3-130

3.4.4 编辑图层样式

为图像添加图层样式以后,如果对样式效果不满意,还可以重新编辑,以得到最佳的样式效果。

1. 隐藏图层样式

如果要隐藏一个样式,可以单击该样式前面的眼睛图标 ● ;如果要隐藏某个图层中的所有样式,可以单击"效果"前面的眼睛图标 ● 。

> 💡 **小提示**
>
> 如果要隐藏整个文档中的图层的样式,可以执行"图层>图层样式>隐藏所有效果"菜单命令。

2. 修改图层样式

如果要修改某个图层样式,可以选择该图

层样式对应的命令或在"图层"面板中双击该样式的名称，然后在打开的"图层样式"对话框中重新进行编辑。

3. 复制/粘贴与清除图层样式

● **复制/粘贴图层样式**：如果要将某个图层的样式复制到其他图层中，可以选择该图层，然后执行"图层>图层样式>拷贝图层样式"命令，或者在图层名称上单击鼠标右键，在弹出的菜单中选择"拷贝图层样式"命令，接着选择目标图层，执行"图层>图层样式>粘贴图层样式"菜单命令，或者在目标图层的名称上单击鼠标右键，在弹出的菜单中选择"粘贴图层样式"命令。

● **清除图层样式**：如果要删除某个图层样式，可以将该样式拖曳到"删除图层"按钮 🗑 上。

4. 缩放图层样式

将图层A的样式拷贝并粘贴到图层B中后，图层B中的样式将保持图层A的样式的大小比例。例如，将大文字的图层的样式拷贝并粘贴到小文字图层中，虽然大文字图层的文字尺寸比小文字图层大得多，但拷贝给小文字图层的样式的大小比例不会发生变化，为了让样式与小文字图层的文字尺寸比例相匹配，只需执行"图层>图层样式>缩放效果"菜单命令，在弹出的"缩放图层效果"对话框中对"缩放"数值进行设置即可。

3.4.5 图层的混合模式

"混合模式"是Photoshop的一项非常重要的功能，它决定了当前图像的像素与下面图像的像素的混合方式，可以用来创建各种特效，并且不会损坏原始图像的任何内容。绘画工具和修饰工具的属性栏，以及"渐隐""填充""描边"和"图层样式"对话框中都含有混合模式选项。

在"图层"面板中选择一个图层，单击面板顶部的"设置图层的混合模式"下拉列表，可以从中选择一种混合模式。图层的"混合模式"分为6组，共27种，如图3-131所示。

混合模式	模式组
正常 溶解	组合模式组
变暗 正片叠底 颜色加深 线性加深 深色	加深模式组
变亮 滤色 颜色减淡 线性减淡（添加） 浅色	减淡模式组
叠加 柔光 强光 亮光 线性光 点光 实色混合	对比模式组
差值 排除 减去 划分	比较模式组
色相 饱和度 颜色 明度	色彩模式组

图3-131

各组混合模式介绍

● **组合模式组**：该组中的混合模式需要降低图层的"不透明度"或"填充"数值才能起作用，这两个参数的数值越低，就越能看清下面的图像。

● **加深模式组**：该组中的混合模式可以使图像变暗。在混合过程中，当前图层的白色像素会被下层较暗的像素替代。

● **减淡模式组**：该组与加深模式组产生的混合效果完全相反，它们可以使图像变亮。在混合过程中，图像中的黑色像素会被较亮的像素替换，而任何比黑色亮的像素都可能提亮下层图像。

● **对比模式组**：该组中的混合模式可以加大图像的差异。在混合时，50%的灰色会完全消失，任何亮度值高于50%灰色的像素都可能提亮下层的图像，亮度值低于50%灰色的像素则可能使下层图像变暗。

● **比较模式组**：该组中的混合模式可以比较当前图像与下层图像，将相同的区域显示为黑色，将不同的区域显示为灰色或彩色。如果当前图层中包括白色，那么白色区域会使下层图像反相，而黑色不会对下层图像产生影响。

● **色彩模式组**：使用该组中的混合模式时，Photoshop会将色彩分为色相、饱和度和亮度3种要素，然后将其中的一种或两种应用在混合后的图像中。

3.4.6 组合模式组

组合模式组包括"正常"模式和"溶解"模式。

● **"正常"模式**：这种模式是Photoshop默认的模式。在正常情况下（"不透明度"为100%），上层图像将完全遮盖住下层图像，只有降低"不透明度"数值才能与下层图像相混合，如图3-132所示。

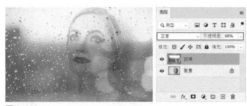

图 3-132

● **"溶解"模式**：当"不透明度"和"填充"数值为100%时，该模式不会与下层图像相混合，只有这两个数值中的一个或两个低于100%时才能产生效果，使透明区域的像素发生离散，如图3-133所示。

图 3-133

3.4.7 加深模式组

加深模式组包括"变暗"模式、"正片叠底"模式、"颜色加深"模式、"线性加深"模式和"深色"模式。

● **"变暗"模式**：比较每个通道中的颜色信息，并选择基色或上层图像中较暗的颜色作为结果色，同时替换比上层图像亮的像素，而比上层图像暗的像素保持不变，如图3-134所示。

图 3-134

● **"正片叠底"模式**：任何颜色与黑色混合产生黑色，与白色混合则保持不变，如图3-135所示。

图 3-135

● **"颜色加深"模式**：通过增大上下层图像之间的对比度使像素变暗，与白色混合后不产生变化，如图3-136所示。

图 3-136

● **"线性加深"模式**：通过降低亮度使像素变暗，与白色混合不产生变化。

● **"深色"模式**：比较两个图像所有通道的数值总和，然后显示数值较小的颜色。

3.4.8 减淡模式组

减淡模式组包括"变亮"模式、"滤色"模式、"颜色减淡"模式、"线性减淡"模式和"浅色"模式。

- **"变亮"模式**：口诀为"谁亮谁保留"，即比较上层图像和下层图像的颜色，然后选择下层图像或上层图像中较亮的颜色作为结果色，如图3-137所示。

图 3-137

- **"滤色"模式**：查看每个通道的颜色信息，并将混合色的互补色与基色进行正片叠底。结果色总是较亮的颜色。用黑色过滤时颜色保持不变，用白色过滤将产生白色。此效果类似于多个摄影幻灯片在彼此之上投影，如图3-138所示。

图 3-138

- **"颜色减淡"模式**：软件会自动查看每种颜色的色彩信息，并通过减小对比度来提亮颜色，使图像变亮。

- **"线性减淡"模式**：软件会自动查看每种颜色的色彩信息，并通过增大色彩的亮度来提亮颜色，使图像变亮。

- **"浅色"模式**：软件会自动查看每种颜

色的色彩信息，并选取其中较浅的颜色作为混合后的颜色，使图像变亮，但这个过程不会产生新的颜色。

3.4.9 对比模式组

对比模式组包括"叠加"模式、"柔光"模式、"强光"模式、"亮光"模式、"线性光"模式、"点光"模式和"实色混合"模式。

- **"叠加"模式**：对颜色进行过滤并提亮上层图像，具体取决于底层颜色，同时保留底层图像的明暗对比，如图3-139所示。

图 3-139

- **"柔光"模式**：这种模式可以使颜色变暗或变亮，具体取决于当前图像的颜色。如果上层图像比50%灰色亮，则图像变亮；如果上层图像比50%灰色暗，则图像变暗，如图3-140所示。

图 3-140

- **"强光"模式**：对颜色进行过滤，具体取决于当前图像的颜色。如果上层图像比50%灰色亮，则图像变亮；如果上层图像比50%灰色暗，则图像变暗，如图3-141所示。

图 3-141

- **"亮光"模式**：通过增大或减小对比度来加深或减淡颜色，具体取决于上层图像的颜色。如果上层图像比50%灰色亮，则图像变亮；如果上层图像比50%灰色暗，则图像变暗。

- **"线性光"模式**：通过减小或增加亮度来加深或减淡颜色，具体取决于混合色。如果混合色（光源）比50%灰色亮，则通过增加亮度使图像变亮。如果混合色比50%灰色暗，则通过减小亮度使图像变暗。

- **"点光"模式**：根据上层图像的颜色来替换颜色。如果上层图像比50%灰色亮，则替换较暗的像素；如果上层图像比50%灰色暗，则替换较亮的像素。

- **"实色混合"模式**：将上层图像的RGB通道值加到底层图像的RGB值上。如果上层图像比50%灰色亮，则使底层图像变亮；如果上层图像比50%灰色暗，则使底层图像变暗。

3.4.10 比较模式组

比较模式组包括"差值"模式、"排除"模式、"减去"模式和"划分"模式。

- **"差值"模式**：软件将对上层图像和底层图像的RGB值中的每个值分别进行比较，然后用高的值减去低的值作为结果色的值。

- **"排除"模式**：效果跟差值类似，但是对比度要比差值模式低一些。

- **"减去"模式**：软件将对上层图像和底层图像的RGB值中的每个值分别进行比较，然后从底层图像的值中减去上层图像的值作为结果色的值，如果相减过程中出现负数，RGB值就算为零，也就直接得到黑色。

- **"划分"模式**：软件将对上层图像和底层图像的RGB值中的每个值分别进行比较，然后将底层图像中RGB值大于或等于上层图像的颜色确定为白色，将底层图像中RGB值小于上

层图像的颜色压暗，最终结果色与原来的颜色的效果对比非常强烈。

3.4.11 色彩模式组

色彩模式组包括"色相"模式、"饱和度"模式、"颜色"模式和"明度"模式。

- **"色相"模式**：软件只用上层图像的色相值进行着色，而饱和度和亮度值保持不变，即结果色的亮度和饱和度取决于底层图像，色相取决于上层图像，如图3-142所示。

图3-142

- **"饱和度"模式**：软件只用上层图像的饱和度值进行着色，而色相和亮度值保持不变，即结果色的亮度及色相取决于底层图像，饱和度取决于上层图像。

- **"颜色"模式**：软件只用上层图像的色相与饱和度值替换下层图像的色相和饱和度值，而亮度值保持不变，即结果色的亮度取决于底层图像，色相与饱和度值取决于上层图像，如图3-143所示。

图3-143

- **"明度"模式**：软件只用上层图像的亮度替换底层图像的亮度，而色相值与饱和度值保持不变，即结果色的色相与饱和度值取决于底层图像，亮度取决于上层图像。

3.5 课后习题

通过对这一章内容的学习，相信读者对图层的知识有了一定的了解，下面通过两个课后习题进行巩固练习。

3.5.1 课后习题：给黑白图像上色

实例位置 实例文件 >CH03> 给黑白图像上色 .psd
素材位置 素材文件 >CH03> 素材 09.psd
视频位置 多媒体教学 >CH03> 给黑白图像上色 .mp4
技术掌握 图层混合模式的用法

本习题讲解如何给黑白图像上色，最终效果如图3-144所示。

图 3-144

01 给背景添加一个纯色调整图层，效果如图 3-145 所示。

图 3-145

02 创建剪贴蒙版图层，更改混合模式，涂抹头发和嘴唇，如图 3-146 所示。

图 3-146

03 涂抹人物脸部的剩余部位，如图 3-147 所示。

图 3-147

3.5.2 课后习题：制作粉笔文字效果

实例位置 实例文件 >CH03> 制作粉笔文字效果 .psd
素材位置 素材文件 >CH03> 素材 10.psd、粉笔图案 .pat
视频位置 多媒体教学 >CH03> 制作粉笔文字效果 .mp4
技术掌握 图层样式的用法

本习题讲解如何为文字添加图层样式，制作出如图3-148所示的粉笔文字效果。

图 3-148

01 打开素材，在"图层样式"对话框中将"填充不透明度"修改为 0%，隐藏"再见青春"文字图层，如图 3-149 所示。

图 3-149

02 更改"再见青春"图层样式，制作粉笔效果，如图 3-150 所示。

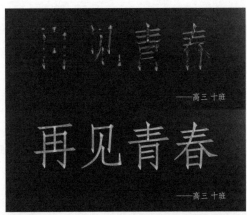

图 3-150

03 为"高三十班"图层制作同样的图层样式，如图 3-151 所示。

图 3-151

第 4 章

选区

本章导读

　　顾名思义，选区就是选择的区域。在 Photoshop 中，使用选择工具选择范围，建立选区后，可对选区内的图像进行操作，选区外的区域不受任何影响。

本章学习要点

基本选择工具的用法

选区的基本操作方法

选区的修改方法

其他常用的选择命令

Photoshop

4.1 基本选择工具

Photoshop提供了很多选择工具，针对不同的对象，可以使用不同的选择工具。基本选择工具包括"矩形选框工具"、"椭圆选框工具"、"单行选框工具"、"单列选框工具"、"套索工具"、"多边形套索工具"、"磁性套索工具"、"对象选择工具"、"快速选择工具"、"魔棒工具"和"图框工具"。熟练掌握这些基本工具的使用方法，可以快速地选择所需的选区。

4.1.1 课堂案例：利用快速选择工具抠图

实例位置	实例文件>CH04>利用快速选择工具抠图.jpg
素材位置	素材文件>CH04>素材01.jpg、素材02.jpg
视频位置	多媒体教学>CH04>利用快速选择工具抠图.mp4
技术掌握	使用快速选择工具抠图

本案例主要对"快速选择工具"的使用进行练习，用"快速选择工具"抠出人像并移动到新的背景上，如图4-1所示。

图4-1

01 打开"素材文件>CH04>素材01.jpg"文件，如图4-2所示。

图4-2

02 在工具箱中选择"快速选择工具"，然后在人物图像上按住鼠标左键并拖曳，创建人物大概的选区，如图4-3所示。

图4-3

03 在属性栏中单击"选择并遮住"按钮，打开如图4-4所示的选择并遮住窗口。

图4-4

04 在窗口左侧选择"调整边缘画笔工具"，调整至适当的画笔大小后在人像头发周围涂抹，软件会自动识别所选颜色，将头发从背景中分离出来，如图4-5所示。

图4-5

05 单击"确定"按钮，得到人像准确的选区，如图4-6所示。

06 按快捷键Ctrl+J将选区内的人像拷贝到新的图层"图层1"中，然后隐藏"背景"图层，效果如图4-7所示。

图 4-6

图 4-7

07 打开"素材 02.jpg"文件，然后选择"移动工具"，将抠出的人像素材直接拖曳到"素材 02.jpg"中，得到如图 4-8 所示的效果。

图 4-8

4.1.2 选框工具组

选框工具组包括"矩形选框工具" □.、"椭圆选框工具" ○.、"单行选框工具" ⁻. 和"单列选框工具" ⁚., 它们的属性栏都是一样的，如图 4-9 所示。

图 4-9

选框工具选项介绍

• **新选区** □：激活该按钮以后，可以创建一个新选区，如图 4-10 所示。如果已经存在选区，那么新创建的选区将替代原来的选区。

图 4-10

• **添加到选区** □：激活该按钮以后，可以将当前创建的选区添加到原来的选区中（在"其他"模式下，按住 Shift 键绘制也可以实现相同的操作），如图 4-11 所示。

图 4-11

• **从选区减去** □：激活该按钮以后，可以将当前创建的选区从原来的选区中减去（在"其他"模式下，按住 Alt 键绘制也可以实现相同的操作），如图 4-12 所示。

图 4-12

• **与选区交叉** □：激活该按钮以后，新建选区时只保留原有选区与新创建的选区相交的部分（在"其他"模式下，按住 Alt 键和 Shift 键也可以实现相同的操作），如图 4-13 所示。

图 4-13

• **羽化**：让选区内外衔接的部分虚化，起到渐变过渡或者平滑化边缘的作用，主要用来设置选区的羽化范围，将同样大小的两个选区"羽化"值分别设置为0像素和50像素，填充颜色后边界效果如图4-14所示。

图4-14

💡 小提示

在羽化选区时如果提醒选区边不可见，是因为设置的"羽化"数值过大，以至于任何像素都不大于50%选择，所以Photoshop会弹出一个警告对话框，提醒用户羽化后的选区将不可见（选区仍然存在），如图4-15所示。

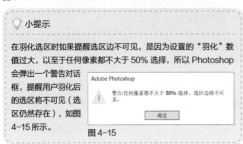

图4-15

● **消除锯齿**：只有在使用"椭圆选框工具"和选框工具组以外的其他选择工具时"消除锯齿"选项才可用。"消除锯齿"只影响边缘的像素，不会丢失细节，在剪切、拷贝和粘贴选区图像时非常有用。图4-16和图4-17（放大后）是勾选与未勾选"消除锯齿"选项，填充颜色后的图像边缘效果。

图4-16   图4-17

💡 小提示

画幅较小的图像勾选"消除锯齿"与否皆可，但是画幅较大的图像一定要勾选"消除锯齿"，这样图像即使画幅很大，边缘也较平滑，整体也很清晰。

● **样式**：用来设置选区的创建方法。当选择"正常"选项时，可以创建任意大小的选区；当选择"固定比例"选项时，可以在右侧的"宽度"和"高度"输入框中输入数值，以创建固定比例的选区（例如，设置"宽度"为1，

"高度"为2，那么创建出来的矩形选区的高度就是宽度的2倍）；当选择"固定大小"选项时，可以在右侧的"宽度"和"高度"输入框中输入数值，然后单击创建一个固定大小的选区（单击"高度和宽度互换"按钮↕可以互换"宽度"和"高度"的数值）。

● **选择并遮住**：单击该按钮可以打开"选择并遮住"窗口，在该窗口中可以创建选区，并对选区进行平滑化、羽化和智能除杂色等处理，如图4-18所示。

图4-18

对于形状比较规则的图案（如圆形、椭圆形、正方形和长方形），可以使用最简单的"矩形选框工具"⬚或"椭圆选框工具"◯进行选择，如图4-19和图4-20所示。

图4-19   图4-20

💡 小提示

图4-21中的魔方是倾斜的，而使用"矩形选框工具"⬚绘制出来的选区是没有倾斜角度的，这时可以执行"选择>变换选区"菜单命令，对选区进行旋转或其他调整，如图4-22所示。

图4-21   图4-22

1.矩形选框工具

"矩形选框工具" □ 主要用来制作矩形选区和正方形选区（在"其他"模式下，按住Shift键可以创建正方形选区），在矩形选框工具属性栏中设置尺寸比例为16：9，如图4-23所示。为人像素材创建尺寸比例为16：9的矩形选区，如图4-24所示，然后将选区内容复制一层并移动到手机素材上，如图4-25所示。

图 4-23

图 4-24

图 4-25

2.椭圆选框工具

"椭圆选框工具" ○ 主要用来制作椭圆选区和圆形选区（在"其他"模式下，按住Shift键可以创建圆形选区），为海洋素材创建一个椭圆选区，如图4-26所示，然后将选区内容复制一层并移动到杯子素材上，如图4-27所示。

图 4-26

图 4-27

3.单行选框工具 / 单列选框工具

使用"单行选框工具" ⋯ 和"单列选框工具" ⋮ ，可以在图像中创建网格形选区。选择"单行选框工具" ⋯ ，然后在图像中单击，即可创建单行选区，选择"单列选框工具" ⋮ ，

在图像中单击，即可在图像中创建单列选区，这两个工具常用来制作网格效果。为图像添加如图4-28所示的单列和单行选区，填充颜色后效果如图4-29所示。

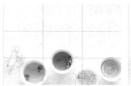
图 4-28

图 4-29

4.1.3 套索工具组

套索工具组中的工具主要用于获取不规则的图像区域，需要手动操作，灵活性比较强，可以获得比较复杂的选区。套索工具组包括3种工具，即"套索工具" ○ 、"多边形套索工具" ▽ 和"磁性套索工具" ▽ 。

1.套索工具

使用"套索工具" ○ ，可以非常自由地绘制出形状不规则的选区。选择"套索工具" ○ 以后，在图像上拖曳绘制选区边界，松开鼠标左键，选区将自动闭合。如图4-30所示，为素材中的中性笔创建一个选区，然后将选区内容复制一层并移动到原中性笔上方，得到如图4-31所示的效果。

图 4-30　　　　图 4-31

> 💡 小提示
>
> 当使用"套索工具" ○ 绘制选区时，如果在绘制过程中按住Alt键，松开左键以后（不松开Alt键），Photoshop会自动切换到"多边形套索工具" ▽ 。

2. 多边形套索工具

“多边形套索工具”与“套索工具”的使用方法类似。“多边形套索工具”适合创建一些有尖角的不规则选区。如图4-32所示，用多边形套索工具为素材中的笔记本电脑屏幕创建一个选区，然后将选区内容替换成一张鹦鹉图片，如图4-33所示。

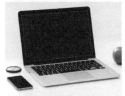

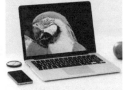

图 4-32

图 4-33

> 小提示
>
> 在使用“多边形套索工具”绘制选区时，按住 Shift 键，可以在水平方向、竖直方向或 45° 方向上绘制直线。另外，按 Delete 键可以删除最近绘制的直线。

3. 磁性套索工具

“磁性套索工具”可以自动识别对象的边界，特别适合快速选择与背景对比强烈的对象，其属性栏如图4-34所示。

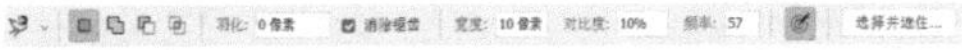

图 4-34

磁性套索工具选项介绍

- **宽度**：“宽度”数值决定了以鼠标指针中心为基准，周围有多少个像素能够被“磁性套索工具”检测到。如果对象的边缘比较清晰，可以设置较大的值；如果对象的边缘比较模糊，可以设置较小的值。图4-35和图4-36所示分别是设置“宽度”值为20像素和200像素时检测到的边缘。

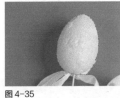

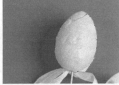

图 4-35

图 4-36

> 小提示
>
> 在使用“磁性套索工具”勾画选区时，按住 Caps Lock 键，鼠标指针会变成⊙状，圆形的大小就是该工具能够检测到的边缘宽度。另外，按 [键和] 键可以调整检测宽度。

- **对比度**：该选项主要用来设置“磁性套索工具”感应图像边缘的灵敏度。如果对象的边缘比较清晰，可以将该值设置得高一些；如果对象的边缘比较模糊，可以将该值设置得低一些。

- **频率**：在使用“磁性套索工具”勾画选区时，Photoshop会生成很多锚点，“频率”选项用来设置锚点的数量。数值越大，生成的锚点越多，捕捉到的边缘越准确，但是可能会使选区不够平滑，图4-37和图4-38所示分别是设置“频率”为1和100时生成的锚点。

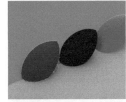

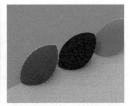

图 4-37

图 4-38

- **使用绘图板压力以更改钢笔宽度**：如果计算机配有数位板和压感笔，可以激活该按钮，Photoshop会根据压感笔的压力自动调节“磁性套索工具”的检测范围。

> 小提示
>
> 使用“磁性套索工具”时，套索边界会自动对齐图像的边缘，如图 4-39 所示。当勾画完比较复杂的边界时，还可以按住 Alt 键切换到“多边形套索工具”，以勾画转角比较尖锐的边缘，如图 4-40 所示。

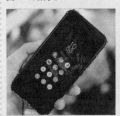

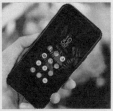

图 4-39

图 4-40

4.1.4 自动选择工具组

自动选择工具组中的工具可以通过识别图像中的颜色快速绘制选区，该工具组包括"对象选择工具" 、"快速选择工具" 和"魔棒工具" 。

1. 对象选择工具

"对象选择工具" 会自动智能选择主体并载入选区，完成一键抠图，其属性栏如图4-41所示。

图4-41

对象选择工具选项介绍

● **模式**：用于设置"对象选择工具" 创建选区时的样式。选择"矩形"选项，创建选区时会得到矩形选区，主要用于给规则对象创建选区，如图4-42所示；选择"套索"选项，创建选区时会得到不规则的任意形状选区，主要用于给不规则对象创建选区，如图4-43所示。

图4-42 　　　　　图4-43

● **减去对象**：在定义的区域内查找并智能减去对象。图4-44是一个利用对象选择工具创建的选区，但是素材中有部分区域需要除去，选择从选区减去 运算后，图4-45和图4-46分别是没有勾选"减去对象"和未勾选"减去对象"，框选该需要除去的区域后得到的选区。

图4-44

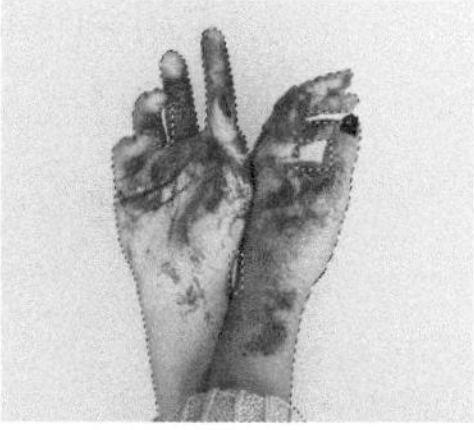

图4-45　　　　　图4-46

2. 快速选择工具

使用"快速选择工具" 可以利用可调整的圆形笔尖迅速地绘制出选区。当拖曳鼠标时，选取范围会向外扩张，而且可以自动寻找并沿着图像的边缘来描绘边界。该工具的属性栏如图4-47所示。

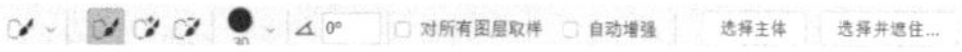

图4-47

自动选择工具选项介绍

● **新选区** ：激活该按钮，可以创建一个新的选区。

● **添加到选区** ：激活该按钮，可以在原有选区的基础上添加新创建的选区。

● **从选区减去** ：激活该按钮，可以在原有选区的基础上减去当前绘制的选区。

● **画笔选择器**：单击按钮，可以在弹出的"画笔"选择器中设置画笔的大小、硬度、间距、角度和圆度，如图4-48所示。在绘制选区的过程中，可以按[键和]键减小和增大画笔的大小。

图4-48

● **对所有图层取样**：当图像含有多个图层时，勾选该选项，将对所有可见图层的图像起作用，不勾选该选项，只对当前选择图层起作用。

● **自动增强**：降低选区边界的粗糙度，减少块效应，优化选区。

- **选择主体**：单击该按钮，创建选区后会自动优化选区，突出主体。图4-49和图4-50分别是没有单击"选择主体"和单击"选择主体"后创建的选区。

图4-49

图4-50

3.魔棒工具

"魔棒工具" 不需要描绘出对象的边缘，就能为颜色相近的区域创建选区，在实际工作中使用频率相当高，其属性栏如图4-51所示。

图4-51

魔棒工具选项介绍

- **取样大小**：用于设置"魔棒工具" 的取样范围。选择"取样点"选项，可以对鼠标单击位置的像素进行取样；选择"3×3平均"选项，可以对鼠标单击位置3个像素区域内的平均颜色进行取样，其他的选项与此类似。

- **容差**：容忍颜色差别的程度，决定所选像素之间的相似性或差异性，其取值范围为0~255。容差数值越大，被选择图像颜色的跨度就越大，容差数值越小，被选择图像颜色的跨度就越小。图4-52所示是设置"容差"为10时，单击图像下方蓝色区域得到的选区效果，图4-53所示是设置"容差"为85时，单击图像下方蓝色区域得到的选区效果，图4-54所示是设置"容差"为150时，单击图像下方蓝色区域得到的选区效果。

图4-52

图4-53

图4-54

- **连续**：当勾选该选项时，只选择颜色连续的区域，所创建的选区是连续的，单击图像左上部的橙色得到如图4-55所示的选区；当未勾选该选项时，可以选择与所选像素颜色接近的所有区域，单击图像左上部的橙色得到如图4-56所示的选区。

图4-55

图4-56

- **对所有图层取样**：如果文档中包括多个图层，选择"图层1"，如图4-57所示，当勾选该选项后单击图层1区域，可以选择所有可见图层上颜色相近的区域，如图4-58所示；当取消勾选该选项后单击图层1区域，仅选择当前图层上颜色相近的区域，如图4-59所示。

图4-57

图4-58

图4-59

4.1.5 图框工具

使用"图框工具" 可以创建矩形或椭圆占位符画框，在画册、折页、名片和网页设计等方面使用非常广泛，属性栏如图4-60所示。

图4-60

图框工具选项介绍

• **创建新的矩形画框**▨：激活该按钮，可以创建矩形占位符画框，如图4-61所示，创建一个矩形占位符画框，然后置入一张花卉图片，得到如图4-62所示的效果。

图4-61

图4-62

• **创建新的椭圆画框**⊗：激活该按钮，可以创建椭圆占位符画框，使用方法与矩形画框相似。

4.2 选区的基本操作

选区的基本操作包括选区的运算（创建新选区、添加到选区、从选区减去和与选区交叉）、移动与填充选区、全选与反选选区、隐藏与显示选区，以及存储与载入选区等。通过这些简单的操作，可以对选区进行任意处理。

4.2.1 课堂案例：制作网店产品优惠券

实例位置	实例文件 >CH04> 制作网店产品优惠券 .psd
素材位置	无
视频位置	多媒体教学 >CH04> 制作网店产品优惠券 .mp4
技术掌握	选区的填充

本案例主要是对"矩形选框工具"▯的使用进行练习，用"矩形选框工具"▯创建选区，并对选区进行填充，效果如图4-63所示。

图4-63

01 打开 Photoshop，设置如图 4-64 所示的参数，新建一个背景图层，如图 4-65 所示。

图 4-64

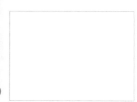

图 4-65

02 按快捷键 Shift+F5，打开"填充"对话框，将背景填充为橙色（R:253，G:147，B:56），得到如图 4-66 所示的效果。

图 4-66

03 选择"矩形选框工具"▯，在图像窗口中按住鼠标左键拖曳，创建如图 4-67 所示的矩形选区。

图 4-67

04 按快捷键 Shift+F5，打开"填充"对话框，为选区填充纯色（R:233，G:128，B:40），然后按快捷键 Ctrl+D 取消选区，如图 4-68 所示。

图 4-68

05 选择"横排文字工具"，输入如图 4-69 所示的文字，得到一个网店产品优惠券。

图 4-69

4.2.2 移动选区

使用"矩形选框工具"□或"椭圆选框工具"○创建选区后,在选区内部按住鼠标左键拖曳,可以移动选区,如图4-70和图4-71所示。如果要小幅度移动选区,可以在创建选区后按键盘上的→、←、↑和↓键进行移动。

图4-70

图4-71

4.2.3 填充选区

利用"填充"命令可以在当前图层或选区内填充颜色或图案,同时也可以设置填充时的不透明度和混合模式。注意,文字图层和被隐藏的图层不能使用"填充"命令。

执行"编辑>填充"菜单命令(快捷键为Shift+F5),打开"填充"对话框,如图4-73所示。

图4-73

填充对话框选项介绍

● **内容**:用来设置填充的内容,包括前景色、背景色、颜色、内容识别、图案、历史记录、黑色、50%灰色和白色。图4-74所示是一个狗尾巴草的选区,图4-75所示是使用内容识别填充选区后的效果。

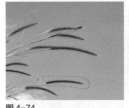
图4-74

图4-75

● **模式**:用来设置填充内容的混合模式。如图4-76所示,创建选区,设置"模式"为"色相"后,填充纯色(R:255,G:0,B:0)得到如图4-77所示的效果。

图4-76

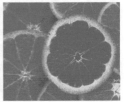
图4-77

● **不透明度**:用来设置填充内容的不透明度。图4-78所示是设置"模式"为"色相","不透明度"为50%后,填充纯色(R:255,G:0,B:0)的效果。

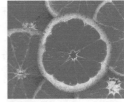
图4-78

● **保留透明区域**:勾选该选项以后,只填充图层中包括像素的区域,而透明区域不会被填充。

4.2.4 全选与反选选区

执行"选择>全部"菜单命令(快捷键为Ctrl+A),可以选择当前文档边界内的所有图像,如图4-79所示。全选图像对需要拷贝整个文档的图像非常有用。

图4-79

如图4-80所示，创建选区以后，执行"选择>反选"菜单命令（快捷键为Shift+Ctrl+I），可以反选选区，也就是选择图像中没有被选择的部分，如图4-81所示。

图4-80　　　　图4-81

💡 小提示

创建选区以后，执行"选择>取消选择"菜单命令（快捷键为Ctrl+D），可以取消选区。如果要恢复被取消的选区，可以执行"选择>重新选择"菜单命令。

4.2.5 隐藏与显示选区

创建选区以后，执行"视图>显示>选区边缘"菜单命令（快捷键为Ctrl+H），可以隐藏选区；如果要将隐藏的选区显示出来，可以再次执行"视图>显示>选区边缘"菜单命令。

💡 小提示

隐藏选区后，选区仍然是存在的。

4.2.6 存储与载入选区

用Photoshop处理图像时，有时需要把已经创建好的选区存储起来，以便在需要的时候通过载入选区的方式将其快速载入图像中继续使用，这时候就需要存储与载入选区了。

1.存储选区

在图像中创建选区后，可以将其存储。执行"选择>存储选区"菜单命令，Photoshop会弹出"存储选区"对话框，在其中进行相关设置后，单击"确定"按钮，存储选区，如图4-82所示。

图4-82

2.载入选区

将选区存储起来以后，执行"选择>载入选区"菜单命令，Photoshop会弹出"载入选区"对话框，如图4-83所示，在其"文档"的下拉列表中选择保存的选区，在"通道"下拉列表中选择存储的通道的名称，在"操作"选项组中单击选中"新建选区"单选按钮，再单击"确定"按钮，载入选区。

图4-83

💡 小提示

如果要载入单个图层的选区，可以按住 Ctrl 键单击该图层的缩览图。

4.2.7 变换选区

创建选区，如图4-84所示。然后执行"选择>变换选区"菜单命令（快捷键为Alt+S+T），可以对选区进行如图4-85所示的移动操作；图4-86和图4-87所示是创建选区后的旋转操作；图4-88和图4-89所示是创建选区后的缩放操作。

图 4-84

图 4-85

图 4-86 　　　　　　　图 4-87

图 4-88 　　　　　　　图 4-89

💡 小提示

在缩放选区时,按住 Shift 键可以等比例缩放选区;按住 Shift 键和 Alt 键可以以中心点为基准点等比例缩放选区。

在选区变换状态下,在画布中单击鼠标右键,在弹出的菜单中可以选择其他变换方式,如图4-90所示。

图 4-90

💡 小提示

选区变换和自由变换基本相同,此处就不再重复讲解了。关于选区的变换操作请参考第 2 章中的"自由变换"的相关内容。

4.3 选区的修改

选区的修改包括创建边界选区、平滑化选区、扩展与收缩选区和羽化选区等,熟练掌握这些操作对于快速选择需要的选区非常重要。

4.3.1 课堂案例:利用选区改变眼睛颜色

实例位置	实例文件 >CH04> 利用选区改变眼睛颜色 .psd
素材位置	素材文件 >CH04> 素材 03.jpg
视频位置	多媒体教学 >CH04> 利用选区改变眼睛颜色 .mp4
技术掌握	选区的使用与选区的填充

本案例主要对选区的使用进行练习,可以使用选区对图像的局部进行修饰过渡,图4-91是利用选区将素材中的眼睛调整成了不同颜色的效果。

图 4-91

01 打开"素材文件 >CH04> 素材 03.jpg"文件,如图 4-92 所示。

02 选择"套索工具" ♀.,为素材中猫的一只眼睛创建选区,如图 4-93 所示。

图 4-92 　　　　　　　图 4-93

03 执行"选择＞修改＞羽化"菜单命令，在弹出的"羽化选区"对话框中定义"羽化半径"为 5 像素，如图 4-94 所示，效果如图 4-95 所示。

图 4-94

图 4-95

04 执行"图像＞调整＞色相/饱和度"菜单命令，打开"色相/饱和度"对话框，设置"色相"为 47，"饱和度"为 50，并勾选"着色"选项，如图 4-96 所示，单击"确定"按钮，效果如图 4-97 所示。

图 4-96

图 4-97

05 使用同样的方式，为另一只眼睛添加蓝色，如图 4-98 所示。

图 4-98

4.3.2 选区的基本修改方法

执行"选择＞修改"菜单命令，弹出如图 4-99 所示的菜单，使用这些命令可以对选区进行编辑。

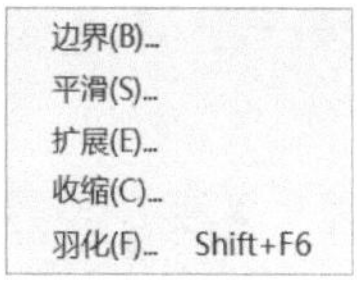

图 4-99

1. 创建边界选区

创建选区，如图 4-100 所示，然后执行"选择＞修改＞边界"菜单命令，可以在弹出的"边界选区"对话框中将选区向两边扩展，扩展后的选区边界将与原来的选区边界形成新的选区，如图 4-101 所示。

图 4-100

图 4-101

2. 平滑化选区

创建选区，如图 4-102 所示，执行"选择＞修改＞平滑"菜单命令，可以在弹出的"平滑选区"对话框中进行设置，对选区进行平滑化处理，如图 4-103 所示。

图 4-102

图 4-103

3. 扩展与收缩选区

创建选区，如图 4-104 所示，然后执行"选择＞修改＞扩展"菜单命令，可以在弹出的

“扩展选区”对话框中进行设置，将选区向外扩展，如图4-105所示。

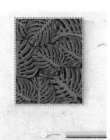

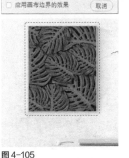

图 4-104

图 4-105

如果要向内收缩选区，可以执行“选择>修改>收缩”菜单命令，然后在弹出的“收缩选区”对话框中设置相应的“收缩量”数值，如图4-106所示。

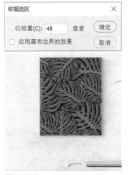

图 4-106

4. 羽化选区

羽化选区是通过建立选区和选区周围像素之间的转换边界来模糊边缘，这种模糊方式将丢失选区边缘的一些细节。

可以先使用选框工具或套索工具等选择工具创建出选区，如图4-107所示，然后执行“选择>修改>羽化”菜单命令（快捷键为Shift+F6），在弹出的“羽化选区”对话框中定义选区的“羽化半径”，图4-108和图4-109所示是分别设置“羽化半径”为0像素和20像素后复制选区内容得到的图像效果。

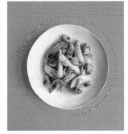

图 4-107

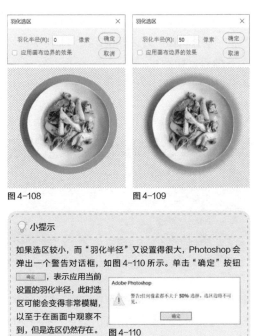

图 4-108

图 4-109

小提示

如果选区较小，而“羽化半径”又设置得很大，Photoshop 会弹出一个警告对话框，如图 4-110 所示。单击“确定”按钮 确定，表示应用当前设置的羽化半径，此时选区可能会变得非常模糊，以至于在画面中观察不到，但是选区仍然存在。

图 4-110

4.4 其他常用选择命令

使用“色彩范围”命令可以根据图像中的某一颜色区域进行选择创建选区，“描边选区”是指沿着已绘制或已存在的选区边缘创建边框效果。

4.4.1 课堂案例：抠取复杂的花束

实例位置	实例文件 >CH04> 抠取复杂的花束 .psd
素材位置	素材文件 >CH04> 素材 04.jpg、素材 05.jpg
视频位置	多媒体教学 >CH04> 抠取复杂的花束 .mp4
技术掌握	色彩范围命令的使用

本案例主要对“色彩范围”命令的使用进行练习，抠出边界复杂的花束并移动到新的背景上，效果如图4-111所示。

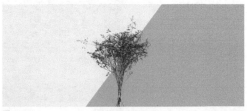

图 4-111

01 打开"素材文件 >CH04> 素材 04.jpg"文件，如图4-112 所示。

图 4-112

02 执行"选择 > 色彩范围"菜单命令，打开"色彩范围"对话框，如图4-113 所示。

图 4-113

03 选择"取样颜色"选项，将鼠标指针放置在画布中的背景区域上单击，对颜色进行取样，然后调整"颜色容差"为 110，如图 4-114 所示。单击"确定"按钮得到如图 4-115 所示的选区。

图 4-114

图 4-115

04 执行"选择 > 反选"菜单命令（快捷键为 Shift+Ctrl+I）载入如图 4-116 所示的花束选区。

05 按快捷键 Ctrl+J 将选区内的花束拷贝到新的图层"图层 1"中，然后隐藏"背景"图层，如图 4-117 所示。

06 打开"素材 05.jpg"文件，然后选择"移动工具"，将抠出的素材直接拖曳到"素材

05.jpg"中，得到如图 4-118 所示的效果。

图 4-116

图 4-117

图 4-118

4.4.2 色彩范围

使用"色彩范围"命令可根据图像的颜色范围创建选区，与"魔棒工具"比较相似，但是该命令提供了更多的控制选项，因此该命令的选择精度也要高一些。

随意打开一张素材图，如图4-119 所示，然后执行"选择>色彩范围"菜单命令，打开"色彩范围"对话框，如图4-120 所示。

图 4-119

图 4-120

色彩范围对话框选项介绍

● **选择**：用来设置选区的创建方式。选择"取样颜色"选项时，鼠标指针会变成 ✔ 状，将它放置在画布中的图像上，或在"色彩范围"对话框中的预览图像上单击，可以对颜色进行取样，如图4-121所示；

图4-121

选择"红色""黄色""绿色""青色"等选项时，可以选择图像中特定的颜色，如图4-122所示；

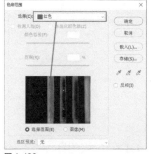

图4-122

选择"高光""中间调""阴影"选项时，可以选择图像中特定的色调，如图4-123所示；

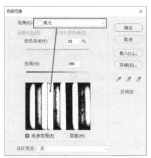

图4-123

选择"肤色"选项时，可以选择与皮肤相近的颜色；选择"溢色"选项时，可以选择图像中出现的溢色，如图4-124所示。

图4-124

● **颜色容差**：用来控制颜色的选择范围。数值越高，包括的颜色范围越广，如图4-125所示；数值越低，包括的颜色范围越窄，如图4-126所示。

图4-125

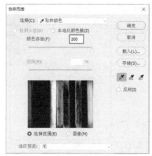

图4-126

● **选区预览图**：选区预览图下面有"选择范围"和"图像"两个选项。当选中"选择范围"选项时，预览区域中的白色代表被选择的区域，黑色代表未被选择的区域，灰色代表被部分选择的区域（即有羽化效果的区域），如图4-127所示；当选中"图像"选项时，预览区内会显示彩色图像，如图4-128所示。

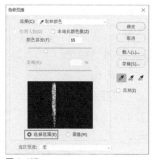

图4-127

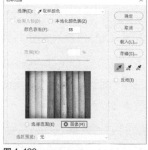

图4-128

4.4.3 为选区描边

使用"描边"命令可以在选区、路径或图层周围创建任意颜色的边框。打开一个素材，并创建出选区，如图4-129所示，然后执行"编辑>描边"菜单命令（快捷键为Alt+E+S），打开"描边"对话框，如图4-130所示。

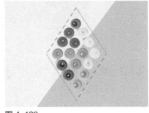

图 4-129

图 4-130

描边对话框选项介绍

● **描边**：该选项组主要用来设置描边的宽度和颜色，图4-131和图4-132分别是不同"宽度"和"颜色"的描边效果。

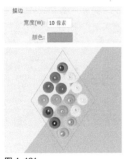

图 4-131

图 4-132

● **位置**：设置描边相对于选区的位置，包括"内部""居中""居外"3个选项，如图4-133~图4-135所示。

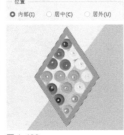

图 4-133

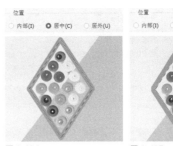

图 4-134

图 4-135

● **混合**：用来设置描边颜色的混合模式和不透明度。如果勾选"保留透明区域"选项，则只对包括像素的区域进行描边。

4.5 课后习题

下面介绍两个有关选区的计算及选区的运用的综合练习，这两个练习相对于前面的操作练习来说，更具综合性、代表性，请务必掌握。

4.5.1 课后习题：制作丁达尔光照效果

实例位置	实例文件 >CH04> 制作丁达尔光照效果 .psd
素材位置	素材文件 >CH04> 素材 06.jpg
视频位置	多媒体教学 >CH04> 制作丁达尔光照效果 .mp4
技术掌握	选区的填充、"色彩范围"命令

本习题主要是对选区的填充及色彩范围命令的使用进行练习，最后得到的丁达尔光照效果如图4-136所示。

图 4-136

01 打开文件,拷贝图层并去色,如图4-137所示。

02 调整色阶，加强高光与暗部的对比，如图4-138所示。

图 4-137

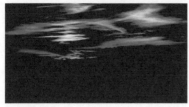

图 4-138

03 将与光源无关的地方涂抹成黑色,如图 4-139 所示。

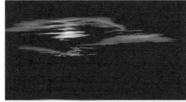

图 4-139

04 单击黑色背景载入选区,然后反选选区并填充为白色,如图 4-140 所示。

图 4-140

05 制作径向模糊效果,如图 4-141 所示。

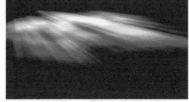

图 4-141

06 更改图层混合模式,并将背景拷贝图层稍微往下移动,让光源与光线更好地融合,如图 4-142 所示。

图 4-142

4.5.2 课后习题:利用选区调整图像局部颜色

实例位置	实例文件 >CH04> 利用选区调整图像局部颜色 .psd
素材位置	素材文件 >CH04> 素材 07.jpg
视频位置	多媒体教学 >CH04> 利用选区调整图像局部颜色 .mp4
技术掌握	使用选区为局部图像调色

本习题利用色彩范围命令为图像局部创建选区,然后利用色相/饱和度命令对选区进行调色,最终得到如图 4-143 所示的效果。

图 4-143

01 打开文件,打开"色彩范围"对话框,对小鸟红色的头部区域进行取样,然后调整颜色容差,如图 4-144 所示。

图 4-144

02 调整色相,将红色调整为黄色,如图 4-145 所示。

图 4-145

第 5 章

绘画和图像修饰

本章导读

　　使用 Photoshop 的绘制工具能够绘制插画，还可以自定义画笔，绘制出各种纹理图像，同时也能轻松地美化带有缺陷的照片。

本章学习要点

颜色的设置

填充工具

画笔工具组

图像修复工具组

图像擦除工具组

图像润饰工具组

5.1 颜色的设置与填充

使用Photoshop的画笔、文字、渐变、填充、蒙版和描边等工具修饰图像时，都需要设置相应的颜色。在Photoshop中提供了很多种选取颜色的方法。

图像填充工具主要用来为图像添加装饰效果。Photoshop提供了两种图像填充工具，分别是"渐变工具" ■.和"油漆桶工具" ◇.。

5.1.1 课堂案例：给图像添加渐变色效果

实例位置	实例文件 >CH05> 给图像添加渐变色效果 .psd
素材位置	素材文件 >CH05> 素材 01.jpg、渐变 .grd
视频位置	多媒体教学 >CH05> 给图像添加渐变色效果 .mp4
技术掌握	使用快速选择工具抠图

本案例主要对"渐变工具" ■.的使用进行练习，用"渐变工具"快速给图像添加渐变色，效果如图5-1所示。

图 5-1

01 打开"素材文件 >CH05> 素材 01.jpg"文件，如图 5-2 所示。

图 5-2

02 选择"渐变工具" ■.，然后在属性栏中单击"点按可编辑渐变"按钮 ■■■，设置如图 5-3 所示的渐变样式，"类型"选择"线性渐变"，"模式"选择"颜色"，如图 5-4 所示。

图 5-3

图 5-4

03 在图像窗口中，按住鼠标左键从图像右下角拖曳到左上角，如图 5-5 所示，松开鼠标左键得到如图 5-6 所示的效果。

图 5-5

图 5-6

5.1.2 设置前景色与背景色

Photoshop工具箱的底部有一组前景色和背景色设置按钮，如图5-7所示。在默认情况下，前景色为黑色，背景色为白色。

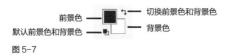

图5-7

前景色/背景色设置工具介绍

● **前景色**：单击前景色图标，可以在弹出的"拾色器（前景色）"对话框中选取一种颜色作为前景色，如图5-8所示。

图5-8

● **背景色**：单击背景色图标，可以在弹出的"拾色器（背景色）"对话框中选取一种颜色作为背景色，如图5-9所示。

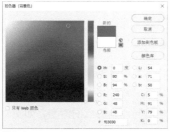

图5-9

● **切换前景色和背景色**：单击"切换前景色和背景色"图标 ↰（快捷键为X）可以互换所设置的前景色和背景色，如图5-10所示。

图5-10

● **默认前景色和背景色**：单击"默认前景色和背景色"图标 ◨（快捷键为D）可以恢复默认的前景色和背景色，如图5-11所示。

图5-11

在Photoshop中，前景色和背景色通常用于绘制图像、填充选区和为选区描边，图5-12所示为原图，创建两个不同选区后，分别用前景色和背景色填充即可得到如图5-13所示的效果。

图5-12

图5-13

💡 **小提示**

一些特殊滤镜也需要使用前景色和背景色，如"纤维"滤镜和"云彩"滤镜等。

5.1.3 用吸管工具设置颜色

使用"吸管工具" ✎可以在打开的图像的任何位置采集色样来作为前景色或背景色（按住Alt键可以吸取背景色），如图5-14和图5-15所示，其属性栏如图5-16所示。

图5-14

图5-15

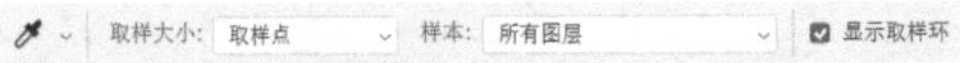

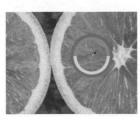

图5-16

吸管工具选项介绍

● **取样大小**：设置吸管取样范围的大小。选择“取样点”选项时，可以选择像素的精确颜色；选择“3×3 平均”选项时，可以选择所在位置3个像素区域以内的平均颜色；选择“5×5平均”选项时，可以选择所在位置5个像素区域以内的平均颜色。其他选项依此类推。

● **样本**：可以从“当前图层”“当前和下方图层”“所有图层”“所有无调整图层”“当前和下一个无调整图层”中采集颜色。

● **显示取样环**：勾选该选项以后，可以在拾取颜色时显示取样环，如图5-17所示。

图5-17

小提示

在默认情况下，“显示取样环”选项处于不可用状态，需要启用“使用图形处理器”功能才能勾选“显示取样环”选项。执行“编辑>首选项>性能”菜单命令，打开“首选项”对话框，然后在“图形处理器设置”选项组中勾选“使用图形处理器”选项，如图5-18所示。开启“使用图形处理器”功能后，重启Photoshop就可以勾选“显示取样环”选项了。

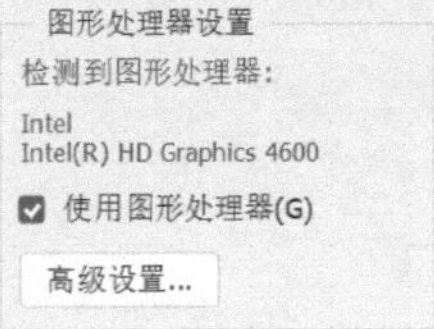

图5-18

5.1.4 渐变工具

使用“渐变工具”可以在整个文档或选区内填充渐变色，并且可以创建多种颜色的混合效果，其属性栏如图5-19所示。“渐变工具”的应用非常广泛，它不仅可以填充图像，还可以用来填充图层蒙版、快速蒙版和通道等，是一种使用频率较高的工具。

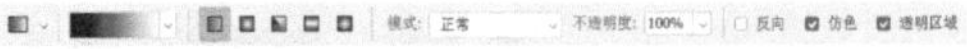

图5-19

渐变工具选项介绍

● **点按可编辑渐变**：显示了当前的渐变颜色，单击右侧的图标，可以打开“渐变”拾色器，如图5-20所示。如果直接单击“点按可编辑渐变”按钮，则会弹出“渐变编辑器”对话框，在该对话框中可以编辑渐变颜色，或者保存渐变等，如图5-21所示。

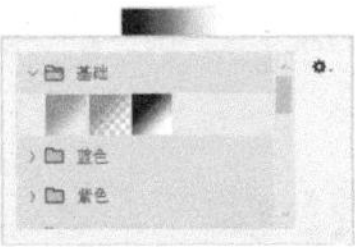

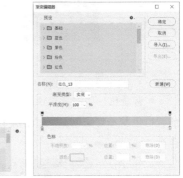

图5-20

图5-21

● **渐变类型**：以图5-22所示的图像为例，激活“线性渐变”按钮，可以以直线形式创建从起点到终点的渐变，如图5-23所示；激活“径向渐变”按钮，可以以圆形形式创建从起点到终点的渐变，如图5-24所示；激活“角度渐变”按钮，可以围绕起点以逆时针扫描方式创建渐变，如图5-25所示；激活“对称渐变”按钮，可以使用均衡的线性渐变在起点的任意一侧创建渐变，如图5-26所示；激活“菱形渐变”按钮，可以以菱形形式从起点向外产生渐变，终点定义菱形的一个角，如图5-27所示。

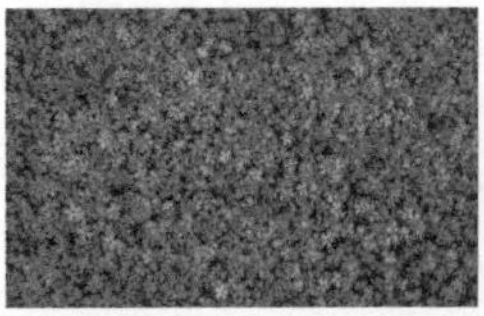

图5-22

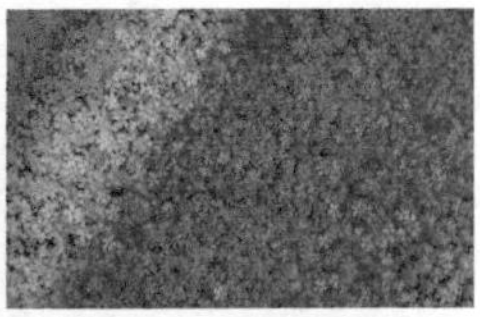

图5-23

图 5-24

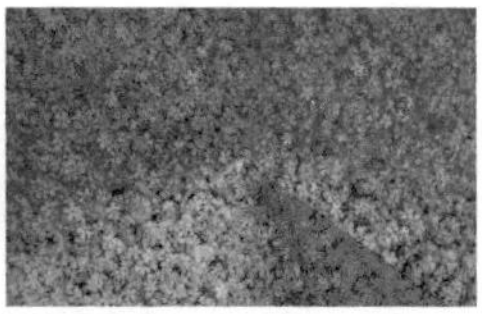

图 5-25

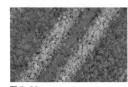

图 5-26

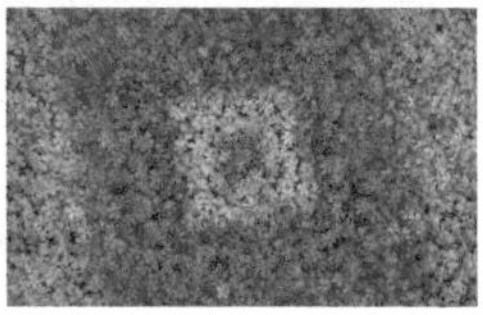

图 5-27

- **模式**：用来设置应用渐变时的混合模式。

- **不透明度**：用来设置渐变色的不透明度。

- **反向**：反转渐变中的颜色顺序，得到反方向的渐变结果，图5-28和图5-29所示分别是正常渐变和反向渐变效果。

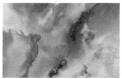

图 5-28

图 5-29

> **小提示**
>
> 需要注意的是，"渐变工具"不能用于位图或索引颜色图像。在切换颜色模式时，在有些模式下观察不到任何渐变效果，此时就需要将图像再切换到可用模式下进行操作。

5.1.5 油漆桶工具

使用"油漆桶工具" ◇ 可以在图像中填充前景色或图案，其属性栏如图5-30所示。如果创建了选区，填充的区域为当前选区；如果没有创建选区，填充的就是与鼠标单击处颜色相近的区域。

图 5-30

油漆桶工具选项介绍

- **设置填充区域的源**：选择填充的模式，包括"前景"和"图案"两种模式。

- **模式**：用来设置填充内容的混合模式。

- **不透明度**：用来设置填充内容的不透明度。

- **容差**：用来定义必须填充像素的颜色的相似程度。设置较低的"容差"值会填充颜色范围内与鼠标单击处像素非常相似的像素；设置较高的"容差"值会填充更大范围内的像素。

- **消除锯齿**：用于平滑化填充选区的边缘。

- **连续的**：勾选该选项后，只填充图像中处于连续范围内的区域；取消勾选该选项后，可以填充图像中的所有相似像素。

- **所有图层**：勾选该选项后，可以基于所有可见图层中的合并颜色数据填充像素；取消勾选该选项后，仅填充当前选择的图层。

5.2 画笔工具组

Photoshop中的画笔工具组包括"画笔工具" ✓、"铅笔工具" ✓、"颜色替换工具" ✓ 和"混合器画笔工具" ✓。

5.2.1 课堂案例：快速创建一幅素描画

实例位置	实例文件 >CH05> 快速创建一幅素描画 .psd
素材位置	素材文件 >CH05> 素材 02.jpg、乌鸦画笔 .abr
视频位置	多媒体教学 >CH05> 快速创建一幅素描画 .mp4
技术掌握	使用画笔工具

本案例主要对"画笔工具" ✓ 的使用进行练习，要求利用"画笔工具"将提供的素材上的热气球用画纸背景颜色替换，然后载入素描效果画笔，在背景画纸上绘制如图5-31所示的素描画效果。

图 5-31

01 打开"素材文件 >CH05> 素材 02.jpg"文件，如图 5-32 所示。

02 选择"吸管工具"，单击画纸背景处选取前景色，如图 5-33 所示。

图 5-32

图 5-33

03 选择"画笔工具"，设置画笔样式为"柔角 30"，"大小"为 300 像素，如图 5-34 所示，然后涂抹图像窗口中的热气球，如图 5-35 所示。

04 重复前两步，多次取样，多次涂抹，即可得到如图 5-36 所示的效果。

图 5-34

图 5-35

图 5-36

05 在画笔预设面板右上角单击"设置"按钮，选择"导入画笔"，如图 5-37 所示，打开"乌鸦画笔 .ABR"文件，如图 5-38 所示。

图 5-37

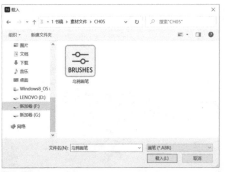
图 5-38

06 此时，画笔预设面板中会出现如图 5-39 所示的乌鸦画笔，然后调整画笔大小为 1500 像素，在确保前景色为黑色的情况下，直接在背景画纸上绘画，如图 5-40 效果。

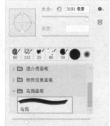
图 5-39

图 5-40

5.2.2 画笔设置面板

在认识其他绘制工具及修饰工具之前要掌握"画笔设置"面板。"画笔设置"面板是最重要的面板之一，它可以设置绘画工具、修饰工具的笔刷种类、画笔大小和硬度等属性。

打开"画笔设置"面板的方法主要有以下 3 种。

第1种： 在工具箱中选择"画笔工具" ，然后在属性栏中单击"切换画笔设置面板"按钮 。

第2种： 执行"窗口 >画笔设置"菜单命令。

第3种： 按F5键。

打开的"画笔设置"面板如图5-41所示。

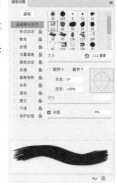
图 5-41

画笔设置面板选项介绍

● **画笔** 画笔 ：单击该按钮，可以打开"画笔"面板。

- **启用/关闭选项**：被勾选代表选项处于被启用状态；未被勾选代表选项处于被关闭状态。
- **锁定/未锁定**🔒：🔒图标代表该选项处于被锁定状态，🔓图标代表该选项处于未被锁定状态。被锁定与未被锁定状态可以相互切换。
- **选中的画笔笔尖**：显示处于选择状态的画笔笔尖。
- **画笔笔尖**：显示Photoshop提供的预设画笔笔尖。
- **面板菜单**：单击☰图标，可以打开"画笔设置"面板的菜单。
- **画笔选项参数**：用来设置画笔的相关参数。
- **画笔描边预览**：选择一个画笔以后，可以在预览框中预览该画笔的外观形状。
- **切换实时笔尖画笔预览**✐：使用毛刷笔尖时，在画布中实时显示笔尖的形状。
- **创建新画笔**⊞：将当前设置的画笔保存为一个新的预设画笔。

5.2.3 画笔工具

"画笔工具"✓可以使用前景色绘制具有画笔特性的线条或图像，同时也可以用来修改通道和蒙版，是一种使用频率较高的工具，其属性栏如图5-42所示。

图5-42

画笔工具选项介绍

- **画笔预设选取器**：单击▮图标，可以打开"画笔预设"选取器，在这里可以选择样式、设置画笔的"大小"和"硬度"，画笔大小决定画笔笔触的大小，图5-43为不同大小的画笔绘制的线段；画笔样式决定画笔笔触的形状，需要注意的是，画笔可以是任何形状，如圆、方块、白云、星空、飞鸟和花朵等，图5-44为几种简单的画笔样式；画笔硬度决定画笔边

缘的锐利程度，硬度越大边缘越锐利，图5-45是硬度从上到下依次为100%、70%、40%和10%的相同大小的画笔的绘制效果。

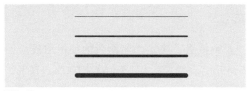

图5-43

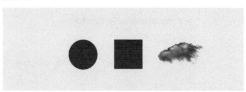

图5-44

图5-45

- **切换画笔设置面板**🗗：单击该按钮，可以打开"画笔设置"面板。
- **模式**：设置绘画颜色与下面现有像素的混合方法，图5-46和图5-47所示分别是使用"正常"模式和"颜色加深"模式绘制的笔迹效果。

图5-46　　　　　　图5-47

- **不透明度**：决定画笔绘制的内容整体颜色的浓度，数值越大，笔迹的不透明度越高；数值越小，笔迹的不透明度越低。图5-48所示是不透明度从上到下依次为100%、70%、40%和10%的相同大小的画笔的绘制效果。

图 5-48

● **流量**：决定画笔颜色的喷出浓度。图5-49所示是流量从上到下依次为100%、70%、40%和10%的相同大小的画笔的绘制效果。

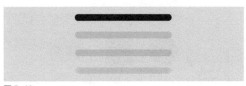

图 5-49

● **启用喷枪样式的建立效果** ✍：激活该按钮以后，可以启用"喷枪"功能，Photoshop会根据左键的单击程度来确定画笔笔迹的填充数量。例如，关闭"喷枪"功能时，每单击一次只会绘制一个笔迹；而启用"喷枪"功能以后，按住左键不放，即可持续绘制笔迹。

● **画笔颜色**：由前景色决定画笔的颜色。图5-50所示是颜色从左到右依次为橙色、红色、绿色和黄色的大小相同的画笔的笔迹效果。

图 5-50

💡 **小提示**

"画笔工具" ✍ 非常重要，这里总结一下在使用该工具绘画时的5点技巧。

第1点：在英文输入法状态下，可以按 [键和] 键来减小和增大画笔笔尖的"大小"值。

第2点：按快捷键 Shift+[和 Shift+] 可以减小和增大画笔的"硬度"值。

第3点：按数字键 1~9 可以快速调整画笔的"不透明度"，数字1~9分别代表"不透明度"为10%~90%。如果要设置"不透明度"为100%，可以直接按 0 键。

第4点：按 Shift+ 数字键 1~9 可以快速设置"流量"值。

第5点：按住 Shift 键可以绘制出水平或竖直的直线，或以45°为增量的直线。

● **始终对大小使用压力** ✍：使用压感笔的压力可以覆盖"画笔工具"属性栏中的"不透明度"和"大小"设置。

💡 **小提示**

如果使用数位板绘画，则可以在"画笔"面板和属性栏中通过设置钢笔压力、角度、旋转或光笔轮来控制应用颜色的方式。

5.2.4 颜色替换工具

使用"颜色替换工具" ✍ 可以将选定的颜色替换为其他颜色，其属性栏如图5-51所示。

图 5-51

颜色替换工具选项介绍

● **模式**：选择替换颜色的模式，包括"色相""饱和度""颜色""明度"。当选择"颜色"模式时，可以同时替换色相、饱和度和明度。图5-52所示是一张原图，图5-53和图5-54所示分别是用"颜色"和"饱和度"模式绘制的替换效果。

图 5-52

图 5-53   图 5-54

● **取样**：用来设置颜色的取样方式。激活"取样：连续"按钮 ✍，在拖曳鼠标时，可以更改整个图像的颜色；激活"取样：一次"按钮 ✍，只替换包括第一次单击的颜色区域中的目标颜色；激活"取样：背景色板"按钮 ✍，只替换包括当前背景色的区域。

- **限制**: 当选择"不连续"选项时,可以替换出现在鼠标指针下任何位置的样本颜色;当选择"连续"选项时,只替换与鼠标指针下的颜色接近的颜色;当选择"查找边缘"选项时,可以替换包括样本颜色的连接区域,同时保留形状边缘的锐化程度。

- **容差**: 用来设置"颜色替换工具" ✔ 的容差,图5-55所示是原图,图5-56和图5-57所示分别是设置"容差"为5%和100%时的颜色替换效果。

图 5-55

图 5-56

图 5-57

- **消除锯齿**: 勾选该选项以后,可以消除颜色替换区域的锯齿效果,从而使图像变得平滑。

5.3 图像修复工具组

在通常情况下,拍摄出的数码照片经常会出现各种缺陷,使用Photoshop的图像修复工具可以轻松地将带有缺陷的照片修饰成靓丽照片。修复工具包括"仿制图章工具" 🔖、"图案图章工具" 🔖、"污点修复画笔工具" ✏、"修复画笔工具" ✏、"修补工具" ⬡、"内容感知移动工具" ✂ 和"红眼工具" 🔴 等,下面着重介绍几种常用的工具。

5.3.1 课堂案例: 清除图像中多余的景物

实例位置	实例文件 >CH05> 清除图像中多余的景物 .psd
素材位置	素材文件 >CH05> 素材 03.jpg
视频位置	多媒体教学 >CH05> 清除图像中多余的景物 .mp4
技术掌握	修补工具的用法

本案例主要对"修补工具" ⬡ 的使用进行练习,要求利用修补工具将图像中多余的景物修掉,突出单个重点内容,最终效果如图5-58所示。

图 5-58

01 打开"素材文件 > CH05 > 素材 03.jpg"文件,如图5-59所示。

图 5-59

02 观察素材,该图像主体不明确,天空中有两个降落伞,如果画面中只有左边的降落伞,主体会更突出,所以选择"修补工具",把右边人像部分圈选起来,如图 5-60 所示。按住左键将选区向左拖曳,当选区内没有人像时松开鼠标左键,如图 5-61 所示,按快捷键 Ctrl+D 取消选区,如图 5-62 所示。

图 5-60

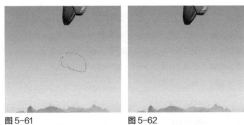

图 5-61　　　　　　　　　　图 5-62

03 使用相同的方法清除上方的伞，即可得到如图 5-63 所示的效果。

图 5-63

5.3.2 仿制图章工具

使用"仿制图章工具"▲可以消除图像中的斑点、杂物、瑕疵或填补图片空缺。如图 5-64 所示，要求利用"仿制图章工具"将图像中的手机用背景色掩盖掉。

图 5-64

操作时，选择"仿制图章工具"，在其属性栏中设置画笔大小为 500 像素，形状为"柔角30"，然后在如图 5-65 所示的图像窗口位置按住 Alt 键并单击确定仿制源，接着在图像窗口手机位置单击或涂抹，即可得到如图 5-66 所示的效果，多次仿制源，多次单击，灵活设置画笔大小，即可得到如图 5-67 所示的效果。

图 5-65

图 5-66　　　　　　　　　　图 5-67

仿制图章工具属性栏如图 5-68 所示。

图 5-68

仿制图章工具选项介绍

● **仿制源**▣：复制内容的源头，使用时需按住 Alt 键在图像的某个位置单击设置取样点。图 5-69 所示为原图，如果以左边的眼镜为仿制源，可以得到如图 5-70 所示的仿制效果，如果以右边的小汽车为仿制源，则可以得到如图 5-71 所示的仿制效果。

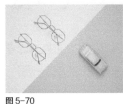

图 5-69

图 5-70　　　　　　　　　　图 5-71

● **对齐**：不勾选该复选框时，每次拖曳后松开左键再拖曳，都是以按住 Alt 键选择的同一个样本区域修饰目标，也就是说取样点固定不变。而勾选该复选框时，每次拖曳后松开左键再拖曳，都会从上次断开处继续复制图像修饰目标，即取样点会随着拖曳范围的改变而相对改变。图 5-72 所示为原图，以左下角的夹子为仿制源，选择"对齐"后，在右侧连续单击即可得到如图 5-73 所示的仿制效果，如果不选择

"对齐"，在右侧连续单击即可得到如图5-74所示的仿制效果。

图 5-72

图 5-73   图 5-74

● **样本**：选择"所有图层"可以从所有可见图层取样，选择"当前图层"只从当前图层取样，选择"当前和下方图层"会从当前和下方两个图层取样。

5.3.3 图案图章工具

使用"图案图章工具" 可以选择软件自带的图案或者创建图案进行绘画。如图5-75所示，要求利用"图案图章工具"将图像中的海水替换成软件自带的水-沙图案。

图5-75

选择"图案图章工具"，如图5-76所示，在其属性栏中设置画笔大小为1 100像素，形状为"柔边圆"，在图案拾色器中选择"水-沙"图案，然后灵活设置画笔不透明度，在图像窗口中的海水位置单击或者涂抹，如图5-77所示。

图 5-76

图 5-77

"图案图章工具"属性栏如图5-78所示。

图 5-78

● **图案拾色器** ：用来设置修饰图像时使用的图案。如图5-79所示，可以使用软件自带的树、草和水滴图案，也可以通过右上角的"设置"按钮载入新图案。

图 5-79

5.3.4 污点修复画笔工具

使用"污点修复画笔工具" 可以消除图像中的污点或某个对象。如图5-80所示，选择"污点修复画笔工具"，在污点处（视文字为污点）单击即可将其消除，效果如图5-81所示。

图 5-80   图 5-81

"污点修复画笔工具"不需要设置取样点，因为它可以自动从所修饰区域的周围进行取样，其属性栏如图5-82所示。

图 5-82

污点修复画笔工具选项介绍

· **模式**：用来设置修饰图像时使用的混合模式。除"正常"和"正片叠底"等常用模式以外，还有一个"替换"模式，该模式可以保留画笔描边的边缘处的杂色、胶片颗粒和纹理，图5-83所示为原始图像，用"污点修复画笔工具"涂抹右边的勺子，图5-84~图5-90所示分别是"正常"模式、"替换"模式、"正片叠底"模式、"滤色"模式、"变暗"模式、"变亮"模式、"颜色"模式、"明度"模式。

图5-83　　　　　　　　图5-84

图5-85　　　　　　　　图5-86

图5-87　　　　　　　　图5-88

图5-89　　　　　　　　图5-90

· **类型**：用来设置修饰的方法。图5-91为原图，选择"内容识别"选项，可以使用选区周围的像素进行修饰，如图5-92所示；选择"创建纹理"选项，可以使用选区中的所有像素创建一个用于修饰该区域的纹理，如图5-93

所示；选择"近似匹配"选项，可以使用选区边缘周围的像素来查找要用于选定区域修饰的图像区域，如图5-94所示。

图5-91 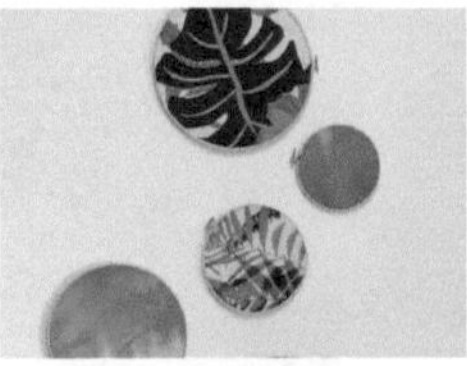　　　　　　　　图5-92

图5-93　　　　　　　　图5-94

5.3.5 修复画笔工具

"修复画笔工具" *.可以消除图像的瑕疵，与"仿制图章工具"一样，"修复画笔工具"也可以用图像中的像素作为样本进行绘制。但是，"修复画笔工具"还可将样本像素的纹理、光照、透明度和阴影与所修饰的像素进行匹配，从而使修饰后的像素不留痕迹地融入图像的其他部分，如图5-95和图5-96所示，其属性栏如图5-97所示。

图5-95

图5-96

图5-97

修复画笔工具选项介绍

● **源**：设置用于修饰像素的源。选择"取样"选项时，可以使用当前图像的像素来修饰图像；选择"图案"选项时，可以使用某个图案作为取样点。

● **对齐**：勾选该选项以后，可以连续对像素进行取样，即使松开鼠标左键也不会丢失当前的取样点；取消勾选"对齐"选项以后，则会在每次停止并重新开始绘制时使用初始取样点中的样本像素。

5.3.6 修补工具

"修补工具" ●.可以利用样本或图案来修饰所选图像区域中不理想的部分。如图5-98所示，选择"修补工具"，将图像中需要修饰的部分框入选区，然后将选区移动到干净的区域，重复操作直至图像完全干净，效果如图5-99所示，其属性栏如图5-100所示。

图 5-98

图 5-99

图 5-100

修补工具选项介绍

● **修补**：包括"正常"和"内容识别"两种方式。

正常：图5-101所示为原图，创建选区以后，选择后面的"源"选项，将选区拖曳到要

修饰的区域以后，松开左键就会用当前选区中的图像替换原来选中的内容，如图5-102所示；选择"目标"选项时，则会将选中的图像复制到目标区域，如图5-103所示。

图 5-101

图 5-102

图 5-103

内容识别：选择这种修饰方式以后，可以在后面的"结构"和"颜色"属性中选择数值来设置修饰精度，如图5-104所示，图5-105和图5-106所示是设置"结构"为1和7时的修饰效果。

图 5-104

图 5-105

图 5-106

5.3.7 内容感知移动工具

"内容感知移动工具" ×.可以将选中的对象移动或复制到图像的其他地方，并重组新的图像，其属性栏如图5-107所示。

图 5-107

睛暗色中心的大小。

● **变暗量：** 用来设置瞳孔的暗度。

内容感知移动工具选项介绍

● **模式：** 包括"移动"和"扩展"两种模式。

移动： 用"内容感知移动工具" ⚒ 创建选区以后，如图5-108所示，将选区移动到其他位置，可以将选区中的图像移动到新位置，并用选区图像填充该位置，如图5-109和图5-110所示。

图 5-108

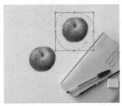
图 5-109

图 5-110

扩展： 用"内容感知移动工具"创建选区以后，将选区移动到其他位置，可以将选区中的图像复制到新位置，如图5-111和图5-112所示。

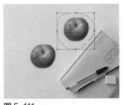
图 5-111

图 5-112

● **结构：** 用于选择修饰的精度。

5.3.8 红眼工具

使用"红眼工具" ⊕ 可以去除由闪光灯导致的红色反光。原图如图5-113所示，选择"红眼工具" ⊕，在动物红眼区域单击，如图5-114所示，其属性栏如图5-115所示。

红眼工具选项介绍

● **瞳孔大小：** 用来设置瞳孔的大小，即眼

图 5-113

图 5-114

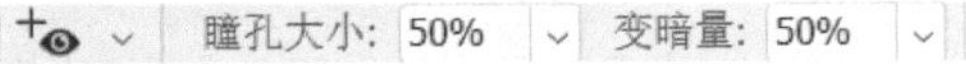

图 5-115

5.4 图像擦除工具组

图像擦除工具主要用来擦除多余的图像。Photoshop提供了3种擦除工具，分别是"橡皮擦工具" ⊿、"背景橡皮擦工具" ⊗ 和"魔术橡皮擦工具" ⊗。

5.4.1 课堂案例：快速融合两张图像

实例位置	实例文件 >CH05> 快速融合两张图像 .psd
素材位置	素材文件 >CH05> 素材 04.jpg、素材 05.jpg
视频位置	多媒体教学 >CH05> 快速融合两张图像 .mp4
技术掌握	"橡皮擦工具"的用法

本案例主要对"橡皮擦工具" ⊿ 的使用进行练习，要求利用橡皮擦工具将两张图像融合在一起，最终效果如图5-116所示。

图 5-116

01 打开"素材文件 >CH05> 素材 04.jpg"文件，如图 5-117 所示。

图 5-117

02 打开"素材 05.jpg"图片，导入背景中，然后执行"编辑 > 变换 > 缩放"命令，调整大小和位置，如图 5-118 所示。

图 5-118

03 选择"橡皮擦工具"，如图 5-119 所示，在属性栏中选择"柔角 500 1"画笔，设置"大小"为 1 000 像素，"不透明度"为 50%，在图层 1 下方涂抹，如图 5-120 所示。

图 5-119

图 5-120

04 选择"移动工具"，将图层 1 稍微向正上方移动一点，如图 5-121 所示。

图 5-121

5.4.2 橡皮擦工具

使用"橡皮擦工具" 可以将像素更改为

背景色或透明的，其属性栏如图5-122所示。如果使用该工具在"背景"图层或锁定了透明像素的图层中进行擦除，则擦除的像素将变成背景色，图5-123所示为原图，在擦除右半部分后效果如图5-124所示；如果在普通图层中进行擦除，则擦除的像素将变成透明的，图5-125所示为原图，在擦除右半部分后效果如图5-126所示。

图 5-122

图 5-123

图 5-124

图 5-125

图 5-126

橡皮擦工具选项介绍

● **模式：** 用于选择橡皮擦的种类。图5-127为原图，选择"画笔"选项，创建柔边（也可以创建硬边）擦除效果，如图5-128所示；选择"铅笔"选项，创建硬边擦除效果，如图5-129所示；选择"块"选项，擦除的效果为块状，如图5-130所示。

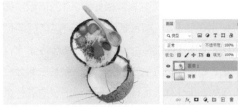

图 5-127

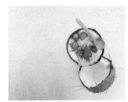

图 5-128

图 5-129

图 5-130

● **不透明度：** 用来设置"橡皮擦工具"的擦除强度。设置为100%时,可以完全擦除像素。当将"模式"设置为"块"时,该选项不可用。

● **流量：** 用来设置"橡皮擦工具"的擦除速度。

● **抹到历史记录：** 勾选该选项以后,"橡皮擦工具"的作用相当于"历史记录画笔工具"。

5.4.3 背景橡皮擦工具

"背景橡皮擦工具" 🖌 是一种智能化的橡皮擦。设置好背景色以后,使用该工具可以在抹除背景的同时保留前景对象的边缘,如图5-131和图5-132所示,其属性栏如图5-133所示。

图 5-131

图 5-132

图 5-133

背景橡皮擦工具选项介绍

● **取样：** 用来设置取样的方式。如图5-134所示,激活"取样：连续"按钮 🖌,在拖曳鼠标时可以连续对颜色进行取样,凡是出现在光标中心十字线以内的图像都将被擦除,如图5-135所示;激活"取样：一次"按钮 🖌,只擦除包含第1次单击处颜色的图像,如图5-136所示;激活"取样：背景色板"按钮 🖌,只擦除包含背景色的图像,如图5-137所示。

图 5-134

图 5-135

图 5-136

图 5-137

● **限制：** 设置擦除图像时的限制模式。选择"不连续"选项时,可以擦除出现在鼠标指针下任何位置的样本颜色;选择"连续"选项时,只擦除包含样本颜色并且相互连接的区域;选择"查找边缘"选项时,可以擦除包含样本颜色的连接区域,同时能更好地保留形状边缘的锐化程度。

● **容差：** 用来设置颜色的容差范围。

● **保护前景色：** 勾选该选项,可以防止擦除与前景色匹配的区域。

> 小提示
>
> “背景橡皮擦工具”的功能非常强大，除了可以用来擦除图像以外，还可以运用在抠图中。

5.4.4 魔术橡皮擦工具

使用“魔术橡皮擦工具”，可以将所有相似的像素改为透明的（如果在已锁定了透明像素的图层中工作，这些像素将更改为背景色），如图5-138和图5-139所示，其属性栏如图5-140所示。

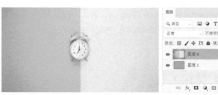

图 5-138

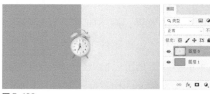

图 5-139

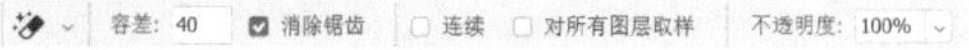

图 5-140

魔术橡皮擦工具选项介绍

- **容差**：用来设置可擦除的颜色范围。
- **消除锯齿**：可以使擦除区域的边缘变得平滑。
- **连续**：勾选该选项时，只擦除与单击点像素邻近的像素；未勾选该选项时，可以擦除图像中所有相似的像素。
- **不透明度**：用来设置擦除的强度。不透明度为100%时，将完全擦除像素；设置为较低的值可以擦除部分像素。

5.5 图像润饰工具组

使用“模糊工具”、“锐化工具”和“涂抹工具”可以模糊、锐化和涂抹图像，使用“减淡工具”、“加深工具”和“海绵工具”可以调整图像局部的明暗和饱和度等。

5.5.1 课堂案例：调整图像光影

实例位置	实例文件 >CH05> 调整图像光影 .psd
素材位置	素材文件 >CH05> 素材 06.jpg
视频位置	多媒体教学 >CH05> 调整图像光影 .mp4
技术掌握	使用“加深工具”和“减淡工具”改变光影

本案例主要对“加深工具”和“减淡工具”的使用进行练习，调整图像光影，效果如图5-141所示。

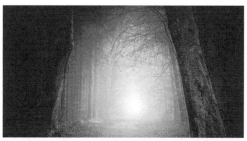

图 5-141

01 打开下“素材文件 >CH05> 素材 06.jpg”文件，如图 5-142 所示。

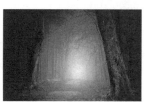

图 5-142

02 选择“减淡工具”，在属性栏中设置“范围”为高光，“曝光度”为 20%，如图 5-143 所示。在图像窗口中间位置按住鼠标左键并拖曳，即可提亮图像亮部光影，效果如图 5-144 所示。

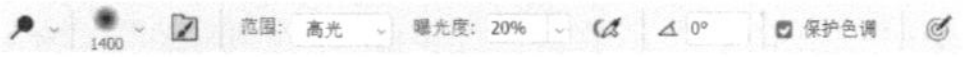

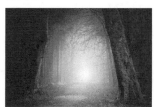

图 5-143

图 5-144

03 选择"加深工具"，在属性栏中设置"范围"为"阴影"，"曝光度"为15%，如图5-145所示。在图像窗口四周按住鼠标左键并拖曳，即可压暗图像暗部光影，如图5-146所示。

图5-145

图5-146

5.5.2 模糊工具

使用"模糊工具" ◌ 可以柔化硬边缘或减少图像中的细节，使用该工具在某个区域上方绘制的次数越多，该区域就越模糊。原图如图5-147所示，使用"模糊工具"涂抹图像两侧，得到如图5-148所示的模糊后的效果，其属性栏如图5-149所示。

图5-147　　　图5-148

图5-149

模糊工具选项介绍

● **模式**：用来设置"模糊工具"的混合模式，包括"正常""变暗""变亮""色相""饱和度""颜色"和"明度"。

● **强度**：用来设置"模糊工具"的模糊强度。

5.5.3 锐化工具

"锐化工具" △ 可以增强图像中相邻像素之间的对比，以提高图像的清晰度，原图如图

5-150所示，使用"锐化工具"涂抹图像，得到如图5-151所示的锐化后的效果，其属性栏如图5-152所示。

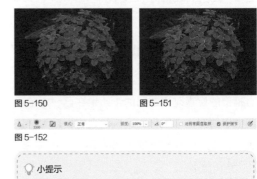
图5-150　　　　　图5-151

图5-152

> 💡 小提示
>
> "锐化工具"的属性栏只比"模糊工具"多一个"保护细节"选项。勾选该选项后，在进行锐化处理时，可以保护图像的细节。

5.5.4 涂抹工具

使用"涂抹工具" 🖐 可以模拟手指划过湿油漆时所产生的效果，原图如图5-153所示，使用"涂抹工具"涂抹图像中鹦鹉头部，如图5-154所示。该工具可以拾取鼠标单击处的颜色，并沿着拖曳的方向展开这种颜色，其属性栏如图5-155所示。

图5-153　　　　图5-154

图5-155

涂抹工具选项介绍

● **强度**：用来设置"涂抹工具" 🖐 的涂抹强度。

● **手指绘画**：勾选该选项后，可以使用前景颜色进行涂抹绘制。

5.5.5 减淡工具

使用"减淡工具" 🔍 可以对图像进行减淡

处理，在某个区域上方绘制的次数越多，该区域就会变得越亮。原图如图5-156所示，使用"减淡工具"涂抹图像，得到如图5-157所示的效果，其属性栏如图5-158所示。

图 5-156　　　　图 5-157

图 5-158

减淡工具选项介绍

● **范围**：选择要修改的色调。原图如图5-159所示，选择"中间调"选项时，可以更改灰色的中间范围，如图5-160所示；选择"阴影"选项时，可以更改暗部区域，如图5-161所示；选择"高光"选项时，可以更改亮部区域，如图5-162所示。

图 5-159　　　　图 5-160

图 5-161　　　　图 5-162

● **曝光度**：可以为"减淡工具"指定曝光度。数值越大，效果越明显。

● **保护色调**：可以保护图像的色调不受影响。

5.5.6 加深工具

"加深工具" 和"减淡工具" 的原理相同，但效果相反，它可以降低图像的亮度，通过加暗图像来校正图像的曝光度，在某个区域

上方绘制的次数越多，该区域就越暗。原图如图5-163所示，通过使用"加深工具"即可得到如图5-164所示的效果，其属性栏如图5-165所示。

图 5-163　　　　图 5-164

图 5-165

5.5.7 海绵工具

使用"海绵工具" 可以精确地更改图像中某个区域的色彩饱和度，其属性栏如图5-166所示。如果是灰度图像，该工具将通过灰阶远离或靠近中间灰色来提高或降低对比度。

图 5-166

海绵工具选项介绍

● **模式**：原图如图5-167所示，选择"加色"选项，可以提高色彩的饱和度，如图5-168所示；选择"去色"选项，可以降低色彩的饱和度，如图5-169所示。

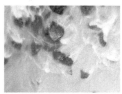

图 5-167

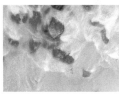 

图 5-168　　　　图 5-169

● **流量**：为"海绵工具"指定流量。数值越高，"海绵工具"的强度越大，效果越明显。图5-170为原图，图5-171和图5-172分别是"流量"为30%和80%的涂抹效果。

图 5-170

103

图 5-171　　　　　　图 5-172

● **自然饱和度**：勾选该选项以后，可以在提高饱和度的同时，防止颜色过度饱和而产生溢色现象。

5.6 课后习题

通过对这一章内容的学习，读者对绘画与图像的修饰有了深入的了解，下面通过两个课后习题来巩固前面所学到的知识。

5.6.1 课后习题：人像面部瑕疵修除

实例位置	实例文件 >CH05> 人像面部瑕疵修除 .psd
素材位置	素材文件 >CH05> 素材 07.jpg
视频位置	多媒体教学 >CH05> 人像面部瑕疵修除 .mp4
技术掌握	使用"修补工具"修饰人像面部

本习题主要对"修补工具" ❖ 的使用进行

练习，要求利用修补工具将人像素材上的瑕疵修掉，效果如图5-173所示。

图 5-173

01 打开素材，使用"修补工具"修掉脸部的瑕疵，如图 5-174 所示。

02 使用同样的方法修掉其他面部瑕疵，如图 5-175 所示。

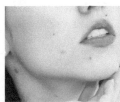

图 5-174　　　　　　图 5-175

03 将脖子上的瑕疵也修掉，如图 5-176 所示。

图 5-176

5.6.2 课后习题：美化眼睛

实例位置	实例文件 >CH05> 美化眼睛 .psd
素材位置	素材文件 >CH05> 素材 08.jpg
视频位置	多媒体教学 >CH05> 美化眼睛 .mp4
技术掌握	"仿制图章工具"的使用方法

本习题主要对"仿制图章工具"的使用进行练习，要求修饰眼睛上的血管和不均匀的高光，效果如图5-177所示。

图 5-177

01 打开素材，观察到眼白上有很多的毛细血管，用"仿制图章工具"修饰，如图5-178 所示。

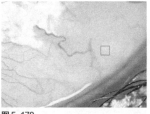

图 5-178

02 处理眼睛左边的毛细血管，如图 5-179 所示。

03 用相同操作处理剩余部分，如图 5-180 所示。

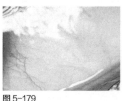

图 5-179　　　　　　图 5-180

04 修饰眼睛中的高光，如图 5-181 所示。

图 5-181

第 6 章

06

图像调色

本章导读

　　在 Photoshop 中，对图像色彩和色调的控制是图像编辑的关键，它直接关系到图像最终的效果。只有有效地控制图像的色彩和色调，才能制作出高品质的图像。Photoshop 提供了色彩和色调的调整功能，可以快捷地调整图像的色彩与色调。

本章学习要点

认识图像色彩

图像的明暗调整

图像的色彩调整

特殊色调的调整

6.1 认识图像色彩

在学习调色技法之前，首先要了解色彩的相关知识。合理地运用色彩，不仅可以让一张图像变得更加具有表现力，还可以带来良好的心理感受。

6.1.1 课堂案例：将一张偏冷调的图像调整成暖调

实例位置	实例文件 >CH06> 将一张偏冷调的图像调整成暖调 .psd
素材位置	素材文件 >CH06> 素材 01.jpg
视频位置	多媒体教学 >CH06> 将一张偏冷调的图像调整成暖调 .mp4
技术掌握	运用"可选颜色"命令调整图像的色彩

本案例主要对"可选颜色"命令的使用进行练习，快速给图像调整色彩，效果如图6-1所示。

图6-1

01 打开"素材文件 >CH06 > 素材 01.jpg"文件，如图6-2所示。

图6-2

02 执行"图层 > 新建调整图层 > 可选颜色"命令，在"新建图层"对话框中单击"确定"按钮，打开如图6-3所示的"可选颜色"面板，"图层"面板中也会自动添加一个"选取颜色 1"调整图层，如图6-4所示。

图6-3　　　　　　　　图6-4

03 在"可选颜色"面板中的"颜色"中选择绿色，然后设置为如图6-5所示的参数值，得到如图6-6所示的偏暖调的色调。

图6-5　　　　　　　　图6-6

6.1.2 关于色彩

色彩是光从物体上反射到人的眼睛中所引起的一种视觉效应。人们将物质产生不同颜色的物理特性直接称为颜色。

颜色主要分为色光色（即光源色）和印刷色两种，而原色是指无法通过混合其他颜色得到的颜色。会发光的太阳、荧光灯、白炽灯等发出的光都属于光源色，光源色的三原色是红色（Red）、绿色（Green）和蓝色（Blue）；光照射到某一物体上后反射或穿透显示出的颜色称为物体色，西红柿会显示出红色是因为西红柿在所有波长的光线中只反射红色的光线。印刷色的三原色是洋红（Magenta）、黄色（Yellow）和青色（Cyan），如图6-7所示。

色光三原色

印刷三原色

图6-7

Photoshop软件用3种基色（红、绿、蓝）之间的相互混合来表现所有颜色。红与绿混合产生黄色，红与蓝混合产生洋红色，蓝与绿混合产生青色。其中红与青、绿与洋红、蓝与黄为互补色，互补色在一起会产生视觉均衡感。

客观世界的色彩千变万化，各不相同，但任何色彩都有色相、明度和饱和度3个方面的性质，又称色彩的三要素。当色彩间发生作用时，除了色相、明度、饱和度3个基本要素以外，各种色彩彼此间会形成色调，并显现出自己的特性。因此，色相、明度、饱和度、色调及色性构成了色彩的五要素。

- **色相**：色彩的相貌，是区别色彩种类的名称。

- **明度**：色彩的明暗程度，即色彩的深浅差别。明度差别既指同色的深浅变化，又指不同色相之间存在的明度差别。

- **饱和度**：色彩的纯净程度，又称彩度或纯度。某一纯净色加上白色或黑色，可以降低其饱和度，或趋于柔和，或趋于沉重。

- **色调**：画面中总是有具有某种内在联系的各种色彩组成一个完整统一的整体，形成的画面色彩总的趋向就称为色调。

- **色性**：指色彩的冷暖倾向。

6.1.3 色彩直方图

如图6-8所示，色彩直方图是一种二维统计图表，它的横纵坐标分别代表色彩亮度级别和各个亮度级别下色彩的像素含量。

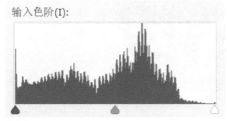

图6-8

1. 普通直方图

普通图像的直方图中，像素分布像山峰一样，两端各有一部分像素位于高光和阴影处，中间的大部分像素处于中间调部分。如图6-9所示的素材的直方图就属于普通直方图。

图6-9

2. 欠曝直方图

曝光不足的图像的直方图中，像素整体偏向阴影部分，图像色彩偏暗。图6-10所示的素材的直方图就属于欠曝直方图。

图6-10

3. 过曝直方图

曝光过度的图像的直方图中，像素整体偏向高光部分，图像色彩偏亮。图6-11所示的素材的直方图就属于过曝直方图。

图6-11

4. 过饱和直方图

色彩过于饱和的图像，代表色彩像素含量的直方图形状偏平化，图像色彩过于鲜艳。图6-12所示的素材的直方图就属于过饱和直方图。

图6-12

5. 欠饱和直方图

色彩欠饱和的图像的直方图中，像素偏向于中间，高光和暗部几乎没有像素，图像色彩非常平淡，图像表现为发灰。图6-13所示的素材的直方图就属于欠饱和直方图。

图6-13

6.1.4 常用颜色模式

使用计算机处理数码照片时经常会涉及"颜色模式"这一概念。图像的颜色模式是指将某种颜色表现为数字形式的模型，或者说是一种记录图像颜色的方式。在Photoshop中，颜色模式分为位图模式、灰度模式、双色调模式、索引颜色模式、RGB颜色模式、CMYK颜色模式、Lab颜色模式和多通道模式。

1. RGB 颜色模式

RGB颜色模式是一种发光模式，也叫加光模式。R、G、B分别代表Red（红色）、Green（绿色）和Blue（蓝）。在"通道"面板中可以查看3种颜色通道的状态信息，如图6-14所示。RGB颜色模式下的图像只有在发光体上才能显示出来，如显示器和电视机等。该模式所包括的颜色信息（色域）有1 670多万种，是一种真彩色颜色模式。

图6-14

2. CMYK 颜色模式

CMYK颜色模式是一种印刷模式，也叫减色模式，该模式下的图像只有在印刷体上才可以观察到，如纸张。CMYK颜色模式包含的颜色总数比RGB模式少很多，所以在显示器上观察到的图像要比印刷出来的图像亮丽一些。C、M、Y是3种印刷油墨名称的首字母，C代表Cyan（青色），M代表Magenta（洋红），Y代表Yellow（黄色），而K代表Black（黑色），这是为了避免与Blue（蓝色）混淆，选用Black最后一个字母K。在"通道"面板中可以查看到4种颜色通道的状态信息，如图6-15所示。

图6-15

3.Lab 颜色模式

Lab颜色模式是由照度（L）和有关色彩的a、b这3个要素组成的，L表示Luminosity（照度），相当于亮度；a表示从红色到绿色的范围；b表示从黄色到蓝色的范围。Lab颜色模式的亮度分量（L）范围是0~100，在Adobe拾色器和"颜色"面板中，a分量（绿色-红色轴）和b分量（蓝色-黄色轴）的范围是-128~+127，如图6-16所示。

图 6-16

6.1.5 互补色

1.互补色

在如图6-17所示的色相环中，处于色相环直径两端的两种颜色互为互补色，例如，蓝色和黄色互为互补色，绿色和洋红色互为互补色，红色和青色互为互补色。

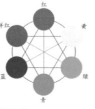

图 6-17

2.互补色性质

减少图像中任意一种颜色，它的互补色一定会增加，增加图像中任意一种颜色，它的互补色一定会减少。如图6-18所示，减少图像中的洋红色，查看图像中的绿色是否会增加。

图 6-18

执行"图层 > 新建调整图层 > 曲线"命令，在"新建图层"对话框中单击"确定"按钮，即可打开"曲线"面板，如图6-19所示，调整曲线减少图像中的洋红色，此时图像显示效果如图6-20所示，与原图相比，图像中的绿色果然增加了。

图 6-19

图 6-20

6.1.6 加减色

1.加减色

通过色相的混合对颜色的明度产生影响，如果叠加后图像变亮则为加色模式，在图像中加红、加绿、加蓝、减青、减洋红、减黄；如果叠加后图像变暗则为减色模式，在图像中加青、加洋红、加黄、减红、减绿、减蓝。

2.加减色使用

如果图像比较暗，一般选择加色模式来提亮；如果图像比较亮，一般选择减色模式来压暗。如图6-21所示，要求用加减色两种方式，增加图像中的黄色。要增加图像中的黄色，有两种方式，第1种是减少图像中黄色的互补色蓝色，第2种是增加图像中的红色和绿色。

图6-21

加色模式： 增加图像中的红色和绿色。

执行"图层>新建调整图层>曲线"命令，在"新建图层"对话框中单击"确定"按钮，即可打开"曲线"面板，如图6-22所示。调整曲线增加图像中的红色和绿色，此时图像显示效果如图6-23所示，与原图相比，图像中的黄色增加了，并且图像变亮了。

图6-22

图6-23

减色模式： 减少图像中黄色的互补色蓝色。

打开"曲线"面板，如图6-24所示，减少图像中黄色的互补色蓝色，此时图像显示效果如图6-25所示，与原图相比，图像中的黄色增加了，并且图像变暗了。

图6-24

图6-25

6.1.7 色彩冷暖

冷暖色是让人产生不同温度感觉的色彩。需要注意色彩的冷暖是相对的，在如图6-26和6-27所示的两张图像中，草绿色给人暖意，而翠绿色给人冷意。

图6-26

图6-27

暖色： 让人觉得热烈、兴奋、温暖的红、橙、黄等颜色被称为暖色，如图6-28~图6-30所示的素材都为暖色图像。

冷色： 让人觉得寒冷、安静、沉稳的蓝、绿、青等颜色被称为冷色，如图6-31~图6-33所示的几张图像都为冷色图像。

 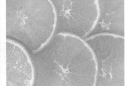

图 6-28 图 6-29

图 6-30

图 6-31 图 6-32

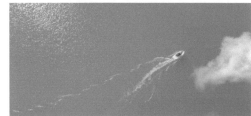

图 6-33

6.2 图像的明暗调整

明暗调整命令主要用于调整过亮或过暗的图像。很多图像由于外界因素的影响，会出现曝光不足或曝光过度的现象，这时就可以利用明暗调整来处理图像，最终到达理想的效果。

6.2.1 课堂案例：将图像调整成不同季节色彩倾向

实例位置	实例文件 >CH06> 将图像调整成不同季节色彩倾向 .psd
素材位置	素材文件 >CH06> 素材 02.jpg
视频位置	多媒体教学 >CH06> 将图像调整成不同季节色彩倾向 .mp4
技术掌握	运用 "曲线"命令调整图像的色彩

本案例主要对 "曲线"命令的使用进行练习，将一张夏天的图像调整成秋天的效果，效果如图6-34所示。

图 6-34

01 打开 "素材文件 >CH06> 素材 02.jpg"文件，如图 6-35 所示。

图 6-35

02 打开 "曲线"面板，如图 6-36 所示，图层面板中会自动添加一个曲线调整图层，如图 6-37 所示。

图 6-36 图 6-37

03 调整曲线，减少图像中的绿色和蓝色，增加互补色洋红色和黄色，如图 6-38 所示。素材变成了偏黄的色调，如图 6-39 所示。

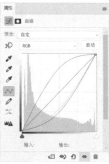

图 6-38

图6-39

04 因为图像稍微偏暗，所以调整曲线，提高图像的亮度，如图6-40所示，即可得到如图6-41所示的效果。

图6-40

图6-41

6.2.2 亮度 / 对比度

使用"亮度/对比度"命令可以对图像的色调范围进行简单的调整。打开如图6-42所示的素材，然后执行"图像>调整>亮度/对比度"菜单命令，打开"亮度/对比度"对话框，调整参数，如图6-43所示，即可调整图像的亮度和对比度，效果如图6-44所示。

图6-42

图6-43

图6-44

图6-45为亮度/对比度对话框。

图6-45

● **亮度**：用来设置图像的整体亮度。数值为负时，表示降低图像的亮度；数值为正时，表示提高图像的亮度。

● **对比度**：用于设置图像亮度对比的强烈程度。数值越低，对比度越低；数值越高，对比度越高。

6.2.3 色阶

"色阶"命令是一个非常强大的颜色与色调调整命令，它可以对图像的阴影、中间调和高光强度级别进行调整，从而校正图像的色调范围和色彩平衡。此外，"色阶"命令还可以分别对各个通道进行调整，以校正图像的色彩。打开如图6-46所示的素材，执行"图像>调整>色阶"菜单命令（快捷键为Ctrl+L），打开对话框，调整参数，如图6-47所示，即可将这张发灰的图像调整为正常的色调，效果如图6-48所示。

图 6-46

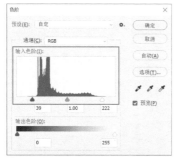

图 6-47

图 6-48

图6-49为色阶对话框。

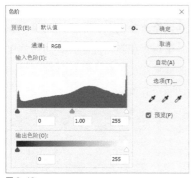

图 6-49

● **预设**：单击"预设"下拉列表，可以选择一种预设的色阶调整选项来对图像进行调整。

● **预设选项** ✿ **：** 单击该按钮，选择相应的命令，可以保存当前设置的参数，或载入一个外部的预设调整文件。

● **通道：** 在"通道"下拉列表中可以选择一个通道来对图像进行调整，以校正图像的颜色。

● **吸管工具：** 包括"设置黑场"吸管工具 ✐、"设置灰场"吸管工具 ✐ 和"设置白场"吸管工具 ✐。

选择"设置黑场"吸管工具并在图像中单击，所单击的点为图像中最暗的区域，比该点暗的区域都变为黑色，比该点亮的区域相应地变暗。

选择"设置灰场"吸管工具并在图像中单击，可将图像中的单击位置的颜色定义为图像中的偏色，从而使图像的色调重新分布，可以用来处理图像的偏色。

选择"设置白场"吸管工具并在图像中单击，所单击的点定为图像中最亮的区域，比该点亮的区域都变成白色，比该点暗的区域相应地变亮。

图6-50所示为原图，打开"色阶"对话框，选择"设置黑场"吸管工具 ✐，在黑色的背景上单击，效果如图6-51所示；选择"设置白场"吸管工具 ✐，在白色的羽毛上单击后，效果如图6-52所示。

图 6-50

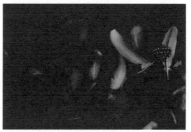

图 6-51

113

图6-52

● **输入色阶/输出色阶**：通过调整输入色阶和输出色阶下方相对应的滑块可以调整图像的亮度和对比度。

6.2.4 曲线

"曲线"命令是最重要、最强大的调整色彩和亮度的命令，也是实际工作中使用频率最高的调整命令之一，它具备了"亮度/对比度""阈值""色阶"等命令的功能，通过调整曲线的形状，可以对图像的色调进行非常精确的调整。

打开如图6-53所示的素材，执行"图像>调整>曲线"菜单命令（快捷键为Ctrl+M），打开对话框，调整参数，如图6-54所示，即可将过暗的图像调整为正常的亮度，效果如图6-55所示。

图6-53

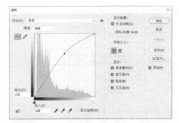

图6-54

图6-55

图6-56所示为曲线对话框。

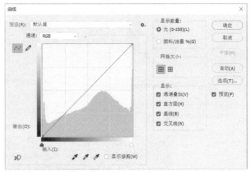

图6-56

● **预设选项** ：单击该按钮，选择相应的命令，可以保存当前设置的参数，或载入一个外部的预设调整文件。

● **通道**：在"通道"下拉列表中可以选择一个通道来对图像进行调整，以校正图像的颜色。

● **编辑点以修改曲线** ：选择该工具，在曲线上单击，可以添加新的控制点，通过拖曳控制点可以改变曲线的形状，从而达到调整图像的目的，如图6-57和图6-58所示。

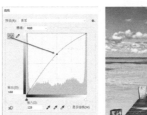

图6-57

图6-58

● **通过绘制来修改曲线** ：使用该工具可以以手绘的方式自由绘制曲线，绘制好曲线以后，单击"编辑点以修改曲线"按钮 ，可以显示出曲线上的控制点，对图像进行调整，如图6-59~图6-61所示。

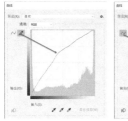

图6-59

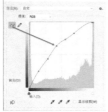

图6-60

图6-61

下面以如图6-62所示的素材为例，说明几种常见的曲线。

图6-62

1. 提亮曲线

执行"图层>新建调整图层>曲线"命令，在"新建图层"对话框中单击"确定"按钮，打开"曲线"面板，如图6-63所示，选择RGB通道，然后将曲线向左上角拉，图像窗口显示如图6-64所示的效果，此曲线可以将图像整体变亮，所以类似形状的曲线称为"提亮曲线"。

图6-63

图6-64

2. 压暗曲线

如图6-65所示，选择RGB通道，将曲线向右下角拉，图像窗口显示如图6-66所示的效果，此曲线可以将图像整体变暗，所以类似形状的曲线称为"压暗曲线"。

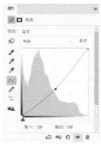

图6-65

图6-66

3. S曲线

如图6-67所示，选择RGB通道，将高光部分向左上角拉，将阴影部分向右下角拉，图像窗口显示如图6-68所示的效果，此曲线可以提高图像的对比度，所以类似形状的曲线称为"S曲线"。

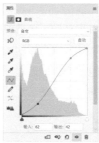

图6-67

图6-68

4. 反S曲线

如图6-69所示，选择RGB通道，然后将高光部分向右下角拉，将阴影部分向左上角拉，图像窗口显示如图6-70所示的效果，此曲线可以降低图像的对比度，所以类似形状的曲线称为"反S曲线"。

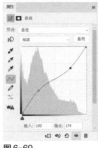

图6-69　　　　　图6-70

5. 偏红色调曲线

如图6-71所示，选择"红"通道，将曲线向左上角拉，图像窗口显示如图6-72所示的效果，此曲线可以将图像的整体色调变红，所以类似形状的曲线称为"偏红色调曲线"。

图6-71　　　　　图6-72

6. 偏青色调曲线

如图6-73所示，选择"红"通道，将曲线向右下角拉，图像窗口显示如图6-74所示的效果，此曲线可以将图像整体色调变青，所以类似形状的曲线称为"偏青色调曲线"。

7. 偏绿色调曲线

如图6-75所示，选择"绿"通道，将曲线向左上角拉，图像窗口显示如图6-76所示的效果，此曲线可以将图像整体色调变绿，所以类

似形状的曲线称为"偏绿色调曲线"。

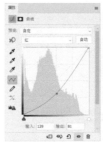

图6-73　　　　　图6-74

图6-75　　　　　图6-76

8. 偏洋红色调曲线

如图6-77所示，选择"绿"通道，将曲线向右下角拉，图像窗口显示如图6-78所示的效果，此曲线可以将图像整体色调变洋红，所以类似形状的曲线称为"偏洋红色调曲线"。

图6-77　　　　　图6-78

9. 偏蓝色调曲线

如图6-79所示，选择"蓝"通道，将曲线向左上角拉，图像窗口显示如图6-80所示的效果，此曲线可以将图像整体色调变蓝，所以类似形状的曲线称为"偏蓝色调曲线"。

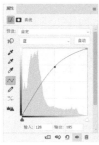

图 6-79

图 6-80

图 6-84

图 6-85

10. 偏黄色调曲线

如图6-81所示，选择"蓝"通道，将曲线向右下角拉，图像窗口显示如图6-82所示的效果，此曲线可以将图像整体色调变黄，所以类似形状的曲线称为"偏黄色调曲线"。

图 6-86

图 6-87

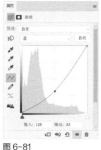

图 6-81

图 6-82

11. 亮度和色彩结合调整

要求将如图6-83所示的素材整体提亮，然后在图像中添加一部分绿色。

图 6-83

打开曲线面板，如图6-84所示，选择RGB通道，将曲线向左上角拉，素材被提亮，如图6-85所示。选择"绿"通道，将曲线向左上角拉，如图6-86所示。图像被添加了一部分绿色，如图6-87所示。

6.2.5 曝光度

"曝光度"命令专门用于调整HDR图像的曝光效果，它是通过在线性颜色空间（而不是当前颜色空间）中执行计算而得出曝光效果的。

打开如图6-88所示的素材，执行"图像>调整>曝光度"菜单命令，打开对话框，调整参数，如图6-89所示，即可调整图像的高光、中间调和阴影，效果如图6-90所示。

图 6-88

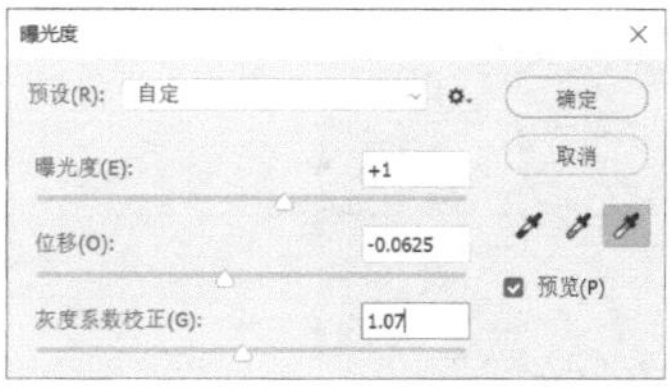

曝光度

		×
预设(R): 自定		确定
		取消
曝光度(E):	+1	
位移(O):	-0.0625	
灰度系数校正(G):	1.07	☑ 预览(P)

图 6-89

图 6-90

图6-91为"曝光度"对话框。

图 6-91

- **曝光度**：向左拖曳滑块，可以减弱曝光效果；向右拖曳滑块，可以增强曝光效果。

- **位移**：该选项主要对阴影和中间调起作用，可以使其变暗，但对高光基本不会产生影响。

- **灰度系数校正**：使用一种乘方函数来调整图像的灰度系数。

6.2.6 阴影 / 高光

"阴影/高光"命令可以基于阴影或高光中的局部相邻像素来校正每个像素，在调整阴影区域时，对高光区域的影响很小，而调整高光区域时对阴影区域的影响很小。

打开如图6-92所示的素材，执行"图像>调整>阴影/高光"菜单命令，打开对话框，调整参数，如图6-93所示，即可调整图像的高光和阴影，效果如图6-94所示。

图 6-92

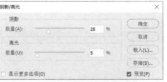

图 6-93

图 6-94

图6-95为"阴影/高光"对话框。

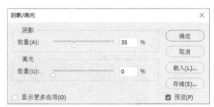

图 6-95

- **阴影**："数量"选项用来控制阴影区域的亮度，值越大，阴影区域就越亮。

- **高光**："数量"选项用来控制高光区域的黑暗程度，值越大，高光区域就越暗。

6.3 图像的色彩调整

常用的图像色彩调整命令包括"色相/饱和度""通道混合器""色彩平衡"等，被广泛地应用于数码照片的处理领域。

6.3.1 课堂案例：变换花朵的颜色

实例位置	实例文件 >CH06> 变换花朵的颜色 .psd
素材位置	素材文件 >CH06> 素材 03.jpg
视频位置	多媒体教学 >CH06> 变换花朵的颜色 .mp4
技术掌握	运用"色相/饱和度"命令调整图像的色彩

本案例主要对"色相/饱和度"命令的使用进行练习，将一张蓝色的花朵图像调整成其他颜色，效果如图6-96所示。

图 6-96

图 6-101

01 打开"素材文件 >CH06> 素材 03.jpg"文件，如图 6-97 所示。

图 6-97

04 调整参数，如图 6-102 所示，调整颜色为蓝色，然后将色相滑块拖曳到 +110 处，素材中的蓝色调整成红色，如图 6-103 所示。

图 6-102

02 执行"图层＞新建调整图层＞色相/饱和度"命令，在"新建图层"对话框中单击"确定"按钮，打开"色相/饱和度"面板，如图 6-98 所示。图层面板中也会自动添加一个"色相/饱和度"调整图层，如图 6-99 所示。

图 6-98

图 6-99

图 6-103

💡 小提示

选择不同的"色相"参数，即可将素材调整成各种不同的颜色。

6.3.2 自然饱和度

使用"自然饱和度"命令可以快速调整图像的饱和度，并且可以在提高图像饱和度的同时防止出现溢色现象。

打开如图6-104所示的素材，执行"图像>调整>自然饱和度"菜单命令，打开对话框，调整参数，如图6-105所示，即可调整图像的饱和度，效果如图6-106所示。

03 调整参数，如图 6-100 所示，调整颜色为蓝色，将色相滑块拖曳到 +49 处，即可将素材中的蓝色调整成如图 6-101 所示的洋红色。

图 6-100

图6-104

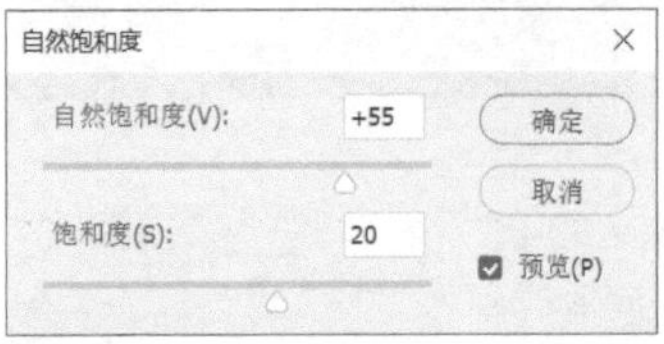

图6-105

图6-106

图6-107为"自然饱和度"对话框。

图6-107

• **自然饱和度**：打开如图6-108所示的素材，打开"自然饱和度"对话框，向右拖曳滑块，可以提高颜色的饱和度，如图6-109所示；

向左拖曳滑块，可以降低颜色的饱和度，如图6-110所示。

图6-108

> 💡 **小提示**
>
> 调节"自然饱和度"选项，不会生成饱和度过高或过低的颜色，画面始终保持一个比较平衡的色调，这对于调节人像非常有用。

图6-109

图6-110

• **饱和度**：向右拖曳滑块，可以提高所有颜色的饱和度，如图6-111所示；向左拖曳滑块，可以降低所有颜色的饱和度，如图6-112所示。

图6-111

图6-112

6.3.3 色相 / 饱和度

使用"色相/饱和度"命令可以调整整个图像或选区内图像的色相、饱和度和明度，同时也可以对单个通道进行调整，该命令也是实际工作中使用频率较高的调整命令。

打开如图6-113所示的素材，然后执行"图像>调整>色相/饱和度"菜单命令，打开"色相/饱和度"对话框，调整参数，如图6-114所示，即可修改图像的色相、饱和度和明度，效果如图6-115所示。

图 6-113

图 6-114

图 6-115

图6-116为"色相/饱和度"对话框。

图 6-116

● **作用范围：**可以选择"全图"或某个颜色。选择"全图"时，色彩调整针对整个图像的色彩，选取某个颜色时，只对该颜色进行调整。

● **色相：**用于调整图像的色彩倾向。图6-117所示为原图，打开"色相/饱和度"对话框，在对应的文本框中输入数值或直接拖曳滑块即可改变颜色倾向，如图6-118所示。

图 6-117

图 6-118

● **饱和度：**用于调整图像中像素的颜色饱和度。数值越大，颜色越浓；反之，图像颜色越淡，如图6-119和图6-120所示。

图 6-119

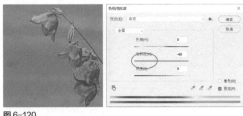

图 6-120

● **明度**：用于调整图像中像素的明暗程度。数值越大，图像越亮；反之，图像越暗，如图6-121和图6-122所示。

图 6-121

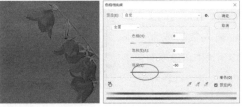

图 6-122

● **着色**：勾选时，可以消除图像中的黑白或彩色元素，从而将图像转化为单色调。

6.3.4 色彩平衡

"色彩平衡"命令通过调整阴影、中间调和高光中各个单色的比例来平衡图像的色彩，可以更改图像总体颜色的混合程度。

打开如图6-123所示的素材，执行"图像>调整>色彩平衡"菜单命令，打开"色彩平衡"对话框，如图6-124所示。

图 6-123

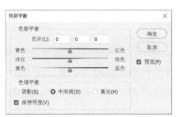

图 6-124

选择阴影、中间调或高光后，通过调整青色、红色、洋红、绿色、黄色、蓝色在图像中所占的比例，更改图像颜色，可以手动输入数值，也可以拖曳滑块来调整。例如，选择中间调后，向左拖曳"青色-红色"滑块，可以在图像中增加青色，同时减少其补色红色，如图6-125所示；向右拖曳"青色-红色"滑块，可以在图像中增加红色，同时减少其补色青色，如图6-126所示。

图 6-125

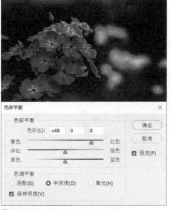

图 6-126

6.3.5 黑白与去色

通过执行调整命令中的"黑白"和"去色"命令，可以对图像进行去色处理，不同的是，"黑白"命令是对图像中的黑白亮度进行调整；而"去色"命令只能将图像中的色彩直接去掉，使图像保持原来的亮度。

打开如图6-127所示的素材，执行"图像>调整>黑白"菜单命令，打开"黑白"对话框，设置参数，如图6-128所示，得到如图6-129所示的效果；执行"图像>调整>去色"菜单命令，为图像去色，如图6-130所示。

图 6-127

图 6-128

图 6-129

图 6-130

6.3.6 照片滤镜

使用"照片滤镜"命令可以模仿在相机镜头前面添加彩色滤镜的效果，以调整通过镜头传输的光的色彩平衡、色温和胶片曝光，"照片滤镜"允许选取一种颜色，将色相调整应用到图像中。

打开如图6-131所示素材，然后执行"图像>调整>照片滤镜"菜单命令，打开"照片滤镜"对话框，调整参数，如图6-132所示，即可得到如图6-133所示的效果。

图 6-131

图 6-132

图 6-133

6.3.7 通道混合器

使用"通道混合器"命令可以对图像的某个通道的颜色进行调整，以创建出各种不同色调的图像，同时也可以用来创建高品质的灰度图像。

打开如图6-134所示的素材，执行"图像>

调整>通道混合器"菜单命令，打开"通道混合器"对话框，调整参数，如图6-135所示，即可得到如图6-136所示的效果。

图6-134

图6-135

图6-136

图6-137为"通道混合器"对话框。

● **输出通道**：在下拉列表中可以选择一种通道来对图像的色调进行调整。

● **源通道**：用来设置源通道在输出通道中

所占的百分比。将一个源通道的滑块向左拖曳，可以减小该通道在输出通道中所占的百分比；向右拖曳，则可以增大该通道在输出通道中所占的百分比。

● **常数**：用来设置输出通道的灰度值。负值可以在通道中增加黑色，正值可以在通道中增加白色。

● **单色**：勾选该选项以后，可以将彩色图像转换为黑白图像。

图6-137

6.3.8 可选颜色

"可选颜色"是一个很重要的调色命令，它可以在图像中的每个主要原色成分中更改印刷色的数量，也可以有选择地修改任何主要颜色中的印刷色数量，并且不会影响其他主要颜色。

打开如图6-138所示的素材，将蓝色的花束调整成洋红色，执行"图像>调整>可选颜色"菜单命令，打开对话框，调整参数，如图6-139所示，即可得到如图6-140所示的效果。

图6-138

图 6-139

图 6-140

图6-141为"可选颜色"对话框。

图 6-141

● **颜色**：用来设置图像中需要改变的颜色。单击下拉按钮，在弹出的下拉列表中选择需要改变的颜色，通过拖曳下方的青色、洋红、

黄色、黑色的滑块可以对选择的颜色进行设置，设置的参数值越小，颜色越淡，反之则越浓。

● **方法**：用来设置墨水的量，包括"相对"和"绝对"两个选项。"相对"是指按照调整后总量的百分比来更改现有的青色、洋红、黄色或黑色的量，该选项不能调整纯色白光，因为它不包括颜色成分；"绝对"是指采用绝对值调整颜色。

6.3.9 匹配颜色

使用"匹配颜色"命令可以将两个图像更改为相同的色调，即将一个图像（目标图像）的颜色与另一个图像（源图像）的颜色匹配起来。如果希望不同图像的色调看上去一致，或者当一个图像中特定元素的颜色必须和另一个图像中某个元素的颜色相匹配时，该命令非常实用。

打开如图6-142和图6-143所示的素材，执行"图像>调整>匹配颜色"菜单命令，打开对话框，调整参数，如图6-144所示，即可使图6-142的素材的色调与图6-143的素材匹配，效果如图6-145所示。

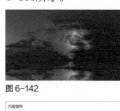

图 6-142

图 6-143

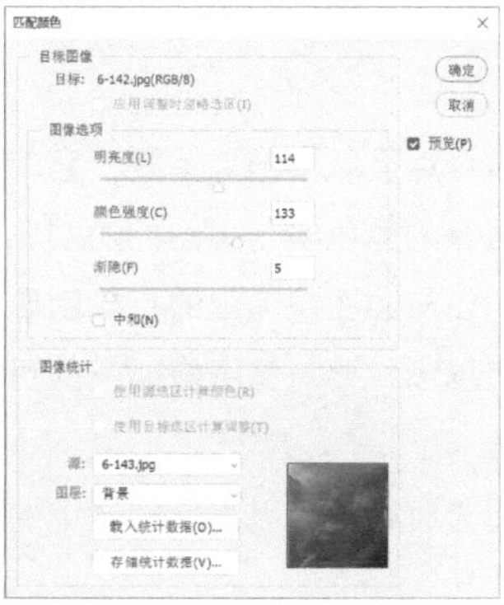

图 6-144

图6-145

图6-146为"匹配颜色"对话框。

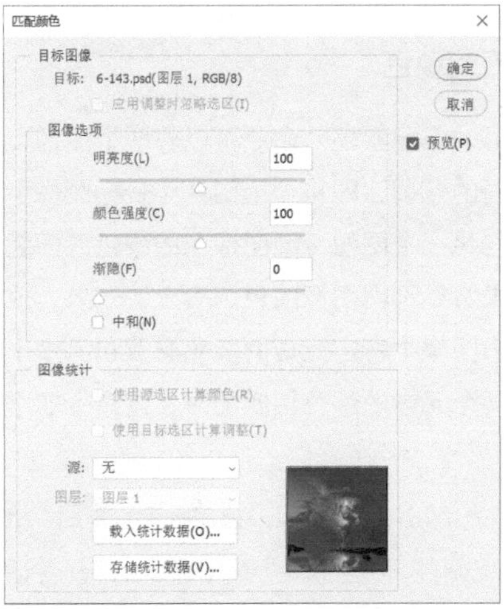

图6-146

● **图像选项**：该选项组用于设置图像的混合选项，如明亮度、颜色混合强度等。

明亮度：用于调整图像匹配的明亮程度。数值小于100，混合效果较暗；数值大于100，混合效果较亮。

颜色强度：该选项相当于图像的饱和度。数值越小，混合后的饱和度越低；数值越大，混合后的饱和度越高。

渐隐：该选项有点类似于图层蒙版，它决定了有多少目标图像的颜色要与源图像的颜色匹配。数值越小，要与源图像匹配的目标图像的颜色越多；数值越大，要与源图像匹配的目标图像的颜色越少。

中和：勾选该选项后，可以消除图像中的偏色现象。

● **图像统计**：该选项组用于选择源图像及设置源图像的相关选项。

源：用来选择源图像，即目标图像的颜色要匹配的图像。

6.3.10 替换颜色

使用"替换颜色"命令可以将选定的颜色替换为其他颜色，颜色的替换是通过更改选定颜色的色相、饱和度和明度来实现的。

打开如图6-147所示的素材，执行"图像>调整>替换颜色"菜单命令，打开对话框，调整参数，如图6-148所示，即可得到如图6-149所示的效果。

图6-147

图6-148

图6-149

图6-150为"替换颜色"对话框。

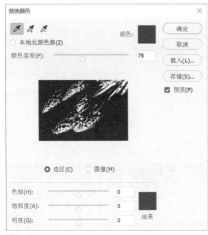

图 6-150

图 6-151

图 6-152

调整>色调均化"菜单命令，即可得到如图6-152所示的效果。

- **吸管**：选择"吸管工具" ✎ ，在图像上单击，可以选中单击点处的颜色，同时在"选区"缩览图中也会显示选中的颜色区域（白色代表选中的颜色，黑色代表未选中的颜色）；选择"添加到取样"工具 ✎ ，在图像上单击，可以将单击点处的颜色添加到选中的颜色中；选择"从取样中减去"工具 ✎ ，在图像上单击，可以将单击点处的颜色从选定的颜色中减去。

- **颜色容差**：该选项用来控制选中的颜色的范围。数值越大，选中的颜色范围越广。

- **结果**：该选项用于显示结果颜色，同时也可以用来选择替换的结果颜色。

- **色相/饱和度/明度**：这3个选项与"色相/饱和度"对话框的3个选项相同，可以调整选中的颜色的色相、饱和度和明度。

6.3.11 色调均化

使用"色调均化"命令可以重新分布图像中像素的亮度值，以使它们更均匀地呈现所有范围的亮度级（即0~255）。在使用该命令时，图像中最亮的值将变成白色，最暗的值将变成黑色，中间的值将分布在整个灰度范围内。

打开如图6-151所示的素材，执行"图像>

6.4 图像的特殊色调调整

在调整图像的特殊色调时，可以运用反相、色调分离、渐变映射等命令，使图像呈现不一样的视觉效果。

6.4.1 课堂案例：创建人像轮廓风景

实例位置	实例文件 >CH06> 创建人像轮廓风景 .psd
素材位置	素材文件 >CH06> 素材 04.jpg、素材 05.jpg
视频位置	多媒体教学 >CH06> 创建人像轮廓风景 .mp4
技术掌握	运用 "阈值" 命令创建高对比度黑白人像

本案例主要对"阈值"命令的使用进行练习，创建高对比度黑白人像，效果如图6-153所示。

图 6-153

01 打开"素材文件 >CH06> 素材 04.jpg"文件，如图 6-154 所示。

02 执行"图像＞调整＞阈值"命令，打开"阈值"对话框，对"阈值"做出如图 6-155 所示的调整，得到如图 6-156 所示的效果。

图 6-155

图 6-154

图 6-156

03 选择"魔棒工具"，在图像黑色区域单击，即可创建如图 6-157 所示的选区。按快捷键 Ctrl+J 将选区内的黑色背景拷贝一层，然后隐藏"背景"图层，如图 6-158 所示。

图 6-157

图 6-158

04 打开"素材 05.jpg"文件，选择"移动工具"，将该素材直接拖曳到"素材 04.jpg"中，如图 6-159 所示。

05 执行"编辑＞变换＞扭曲"命令，将"素材 05.jpg"调整至如图 6-160 所示的效果，按 Enter 键确认变换操作。

图 6-159

图 6-160

06 在图层面板中将图层 2 移动到图层 1 下方，即可得到如图 6-161 所示的效果。

图 6-161

6.4.2 反相

使用"反相"命令可以将图像中的某种颜色转换为它的补色，即将原来的黑色变成白色，或将原来的白色变成黑色，从而创建出负片效果。

打开一张图像，如图 6-162 所示，执行"图像>调整>反相"命令（快捷键为Ctrl+I），即可得到反相效果，如图6-163所示。

图 6-162　　　　　图 6-163

6.4.3 色调分离

使用"色调分离"命令可以指定图像中每个通道的色调级数目或亮度值，并将像素映射到最接近的匹配级别。

打开如图6-164所示的素材，执行"图像>调整>色调分离"菜单命令，打开"色调分离"对话框，如图6-165所示，设置的"色阶"值越小，分离的色调越多，"色阶"值越大，保留的图像细节就越多。图6-166所示是应用色调分离后的效果。

图 6-164

色调分离

色阶(L)：4　　　确定　取消　☑预览(P)

图 6-165

图 6-166

6.4.4 阈值

使用"阈值"命令可以将彩色图像或者灰度图像转换为高对比度的黑白图像。当指定某个色阶作为阈值时，所有比阈值暗的像素都将转换为黑色，而所有比阈值亮的像素都将转换为白色。

打开一张素材文件，如图6-167所示，执行"图像>调整>阈值"命令，打开对话框，默认"阈值色阶"为128，调整为101，如图6-168所示，即可得到如图6-169所示的高对比度的黑白图像。

图 6-197

阈值
阈值色阶(T)：101　　确定　取消　☑预览(P)

图 6-168

图 6-169

6.4.5 渐变映射

"渐变映射"就是将渐变色映射到图像上。在映射过程中，先将图像转换为灰度图像，然后将相等的图像灰度范围映射到指定的渐变填充色。

打开如图6-170所示的素材，然后执行"图像>调整>渐变映射"菜单命令，打开"渐变映射"对话框，调整参数，如图6-171所示，即可得到如图6-172所示的效果。

图 6-170

图 6-171

图 6-172

6.5 课后习题

通过对这一章内容的学习，相信读者对图像调色有了深入的了解，下面通过两个课后习题来巩固前面所学的知识。

6.5.1 课后习题：修饰蓝天白云

实例位置	实例文件 >CH06> 修饰蓝天白云 .psd
素材位置	素材文件 >CH06> 素材 06.jpg
视频位置	多媒体教学 >CH06> 修饰蓝天白云 .mp4
技术掌握	运用"可选颜色"命令调整图像的色彩

本习题主要对"可选颜色"命令的使用进行练习，要求对一张偏红的白云和偏青的天空的素材进行色彩校正，消除白云中的红色或者蓝天中的青色，前提是不改变白云中的白色和蓝天中的蓝色，所以选择"可选颜色"命令，效果如图6-173所示。

图 6-173

01 打开素材，图像稍微偏暗发灰，因此调亮图像并提高颜色饱和度，如图 6-174 所示。

02 更改"可选颜色"对话框中的"蓝色"，增加青色和洋红，减少黄色，然后更改"青色"，增加洋红，减少黄色，接着选择"白色"，减少洋红，如图 6-175 所示。

图 6-174　　　　　　　　图 6-175

6.5.2 课后习题：替换花草颜色

实例位置	实例文件 >CH06> 替换花草颜色 .psd
素材位置	素材文件 >CH06> 素材 07.jpg
视频位置	多媒体教学 >CH06> 替换花草颜色 .mp4
技术掌握	运用"替换颜色"命令调整图像的色彩

本习题主要对"替换颜色"命令的使用进行练习，将一张素材中绿色的花草调整为其他颜色，效果如图6-176所示。

图 6-176

01 打开素材，图像稍微偏暗发灰，调整它的色调，如图 6-177 所示。

02 将绿色替换为红色，如图 6-178 所示。

图 6-177　　　　　　　　图 6-178

第 7 章

文字的应用

本章导读

　　Photoshop 中的文字由基于矢量的文字轮廓组成，这些形状可以用于表现字母、数字和符号。在编辑文字时，任意缩放文字或调整文字大小都不会产生锯齿现象。在保存文字时，Photoshop 可以保留基于矢量的文字轮廓，文字的输出与图像的分辨率无关。

本章学习要点

文字创建工具

创建与编辑文本

字符面板 / 段落面板

7.1 文字创建工具

Photoshop提供了4种创建文字的工具。"横排文字工具" T.和"直排文字工具" IT.主要用来创建点文字、段落文字和路径文字，"横排文字蒙版工具" T.和"直排文字蒙版工具" IT.主要用来创建文字选区。

7.1.1 课堂案例：给图像素材添加透明水印

实例位置	实例文件 >CH07> 给图像素材添加透明水印 .psd
素材位置	素材文件 >CH07> 素材 01.jpg
视频位置	多媒体教学 >CH07> 给图像素材添加透明水印 .mp4
技术掌握	文字水印设置方法

本案例主要对文字水印的设置进行练习，给图像素材添加透明水印，最终效果如图7-1所示。

图7-1

01 打开"素材文件 >CH07> 素材 01.jpg"文件，如图 7-2 所示。

02 按快捷键 Ctrl+Shift+N，单击"确定"按钮，新建一个空白图层，选择"矩形选框工具"，创建如图 7-3 所示的矩形选区。

图7-2

图7-3

03 按快捷键 Shift+F5，打开"填充"对话框，在"内容"中选择"白色"，单击"确定"按钮，按快捷键 Ctrl+D 取消选区，然后在图层面板中将图层1的不透明度修改为50%，如图7-4所示。

图7-4

04 选择"直排文字蒙版工具"，在画布上单击，出现光标后，输入"支持原创"文本，如图 7-5 所示。

图7-5

05 选择"移动工具"，如图 7-6 所示，按 Delete 键，然后按快捷键 Ctrl+D 取消选区，如图 7-7 所示。

图7-6　　　　　图7-7

7.1.2 文字工具

Photoshop提供了两种输入文字的工具，

分别是"横排文字工具" T.和"直排文字工具" IT.。"横排文字工具" T.可以用来输入横向排列的文字,"直排文字工具" IT.可以用来输入竖向排列的文字。

图7-8所示为原图,选择"直排文字工具" IT.,然后在图像上单击,出现插入光标,输入如图7-9所示的文字。

图 7-8

图 7-9

横排文字工具属性栏如图7-10所示。

T. | IT. | AR DECODE | Regular | IT. | 50点 | aa | 锐利 | 国国国 | 盟 国 工 国 | 3D
图 7-10

横排文字工具选项介绍

● **切换文本取向** IT.:如果当前文字是使用"横排文字工具" T.输入的,选中文本以后,在属性栏中单击"切换文本取向"按钮 IT.,可以将横向排列的文字更改为竖向排列的文字。

● **设置字体系列**:用于设置文字的字体。在文档中输入文字以后,如果要更改字体的系列,可以在文档中选择文本,然后在属性栏中单击"设置字体系列"下拉按钮,选择想要的字体。

● **设置字体样式**:用于设置文字的形态。输入英文以后,可以在属性栏中设置字体的样式,包括Regular(规则)、Italic(斜体)、Bold(粗体)和Bold Italic(粗斜体)。

> 💡 小提示
>
> 注意,只有部分英文可以设置字体样式。

● **设置文字大小**:输入文字以后,如果要更改文字的大小,可以直接在属性栏中输入数值,也可以在下拉列表中选择预设的文字大小。

● **设置消除锯齿的方法**:输入文字以后,可以在属性栏中为文字指定一种消除锯齿的方式,包括"无""锐利""犀利""浑厚""平滑""Windows LCD"和"Windows"。

● **设置文本对齐方式**:文字工具的属性栏提供了3个设置文本段落对齐方式的按钮,选择文本以后,单击对应的对齐按钮,就可以使文本按指定的方式对齐,包括"左对齐文本" ≡、"居中对齐文本" ≡ 和"右对齐文本" ≡。

> 💡 小提示
>
> 如果当前使用的是"直排文字工具",那么对齐按钮分别会变成"顶对齐文本"按钮、"居中对齐文本"按钮 和"底对齐文本"按钮,如图7-11所示。图 7-11

● **设置文本颜色**:用于设置文字的颜色。输入文本时,文本颜色默认为前景色。如果要修改文字颜色,可以先在文档中选择文本,然后在属性栏中单击颜色块,接着在弹出的"拾色器(文本颜色)"对话框中设置需要的颜色。

● **创建文字变形** 工.:单击该按钮,打开"变形文字"对话框,在该对话框中可以选择文字变形的方式。

● **切换字符和段落面板** 圖:单击该按钮,打开"字符"面板和"段落"面板,可以调整文字格式和段落格式。

输入文字后,在"图层"面板中可以看到新生成了一个文字图层,图层上有一个字母T,表示当前的图层是文字图层,如图7-12所示,Photoshop会自动按照输入的文字命名新建的文字图层。

图 7-12

文字图层可以随时编辑。选择文字工具,直接在图像中的文字上拖曳,或双击"图层"

面板中文字图层上带有字母T的文字图层缩览图，都可以选中文字，然后通过设定文字工具属性栏中的各选项进行修改。

7.1.3 文字蒙版工具

文字蒙版工具包括"横排文字蒙版工具"和"直排文字蒙版工具"两种。选择"横排文字蒙版工具"或"直排文字蒙版工具"，在画布上单击，图像默认会变为半透明红色，并且出现一个光标，表示可以输入文本。如果觉得文本位置不合适，将鼠标指针放在文本的周围，当它变为箭头时，拖曳鼠标可以移动文本。输入文字后，文字将以选区的形式出现，如图7-13所示。在文字选区中，可以填充前景色、背景色及渐变色等，如图7-14所示。

图 7-13   图 7-14

> 💡 小提示
> 使用文字蒙版工具输入文字结束后得到的是选区，最好新建一个图层，再进行填充或描边等操作。

7.2 创建与编辑文本

在Photoshop中，可以创建点文字、段落文字、路径文字和变形文字等，输入文字以后，可以修改文字，例如修改文字的大小写、颜色和行距等。此外，还可以检查和更正拼写、查找和替换文本、更改文字的方向等。

7.2.1 课堂案例：创建路径文字

实例位置	实例文件 >CH07> 创建路径文字 .psd
素材位置	素材文件 >CH07> 素材 02.jpg
视频位置	多媒体教学 >CH07> 创建路径文字 .mp4
技术掌握	路径文字的创建方法

本案例主要对路径文字的创建进行练习，运用路径制作出简单的文字效果，最终效果如图7-15所示。

图 7-15

01 打开"素材文件 >CH07> 素材 02.jpg"文件，如图 7-16 所示。

图 7-16

02 使用"钢笔工具"绘制一条如图 7-17 所示的路径。

图 7-17

> 💡 小提示
> 用于排列文字的路径可以是闭合式的，也可以是开放式的。

03 在"横排文字工具"的属性栏中选择方正小标宋简体字体，然后设置字体大小为 495 点，颜色为淡黄色，具体参数设置如图 7-18 所示。

图 7-18

04 将鼠标指针放在路径上，当鼠标指针变成时单击，设置文字插入点，如图 7-19 所示，在路径上输入"ABCDEFG"，此时会发现文字沿着路径排列，如图 7-20 所示。

图 7-19

图 7-20

05 如果要调整文字在路径上的位置，可以选择"路径选择工具" ▶.或"直接选择工具" ▷.，然后将鼠标指针放在文本的起点、终点或文本上，当它变成 形状时，拖曳即可沿路径移动文字，如图 7-21 所示。

图 7-21

7.2.2 创建点文字与段落文字

点文字：选择"横排文字工具" T.，在画布上单击，输入的文字称为点文字。点文字是一个水平或竖直的文本行，每行文字都是独立的，行的长度随着文字的输入而不断增大，但是不会换行，如图7-22所示。

图 7-22

段落文字：选择"横排文字工具" T.，在图像中按住鼠标左键拖曳，画出一个文本框，

在文本框中输入的文字称为段落文字，如图 7-23所示。段落文字具有自动换行、可调整文本区域大小等优势，它主要用在大量的文本中，如海报或画册等。

图 7-23

7.2.3 创建路径文字

路径文字是指在路径上创建的文字，使用钢笔、直线或形状工具绘制路径，然后沿着该路径输入文本。文字会沿着路径排列，当改变路径形状时，文字的排列方式也会随之发生改变。

使用"椭圆工具"在图像中绘制如图7-24所示的路径，然后选择"横排文字工具"，在图像中的路径上单击，输入文字"Hello, my love. Everyday is a wonderful day. Do you know that. Please dance with me."，最终效果如图7-25所示。

图 7-24

图 7-25

7.2.4 创建变形文字

输入文字以后，在文字工具的属性栏中单击"创建文字变形"按钮 ⅹ，打开如图7-26所

示的对话框，选择变形文字的样式，图7-27为原图，选择"花冠"变形样式后，文字变形效果如图7-28所示。

图 7-26

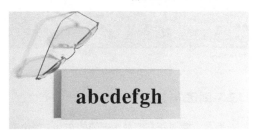

图 7-27

图 7-28

变形文字对话框选项介绍

● **水平/垂直**：选择"水平"选项时，文本扭曲的方向为水平方向；选择"垂直"选项时，文本扭曲的方向为竖直方向。

● **弯曲**：用来设置文本的弯曲程度。

● **水平扭曲**：设置水平方向的透视扭曲变形的程度。

● **垂直扭曲**：用来设置竖直方向的透视扭曲变形的程度。

7.2.5 修改文字

使用文字工具输入文字以后，在"图层"面板中双击文字图层，选择所有的文本，此时可以对文字的大小、大小写、行距、字距、水平/竖直缩放等进行设置。图7-29为原图，修改文字的字体、大小和位置后效果如图7-30所示。

图 7-29

图 7-30

7.2.6 栅格化文字图层

不能直接对Photoshop中的文字图层应用滤镜或进行扭曲、透视等变换操作，若想对文本应用这些滤镜或变换，就需要将其栅格化，使文字变成像素图像。栅格化文字图层的方法共有以下3种。

第1种：在"图层"面板中选择文字图层，然后在图层名称上单击鼠标右键，在弹出的菜单中选择"栅格化文字"命令，如图7-31所示，将文字图层转换为普通图层，如图7-32所示。

图 7-31　　　　　图 7-32

第2种：执行"文字>栅格化文字图层"菜单命令。

第3种：执行"图层>栅格化>文字"菜单命令。

7.2.7 将文字图层转换为形状图层

选择文字图层，然后在图层名称上单击鼠标右键，在弹出的菜单中选择"转换为形状"命令，如图7-33所示，可以将文字图层转换为形状图层，如图7-34所示。此外，执行"文字>转换为形状"菜单命令，也可以将文字图层转换为形状图层。执行"转换为形状"命令以后，不会保留文字图层。

图 7-33　　　　　图 7-34

7.2.8 将文字转换为工作路径

选择一个文字图层，如图7-35所示，执行"文字>创建工作路径"菜单命令，可以将文字的轮廓转换为工作路径，如图7-36所示。

图 7-35

图 7-36

7.3　字符面板 / 段落面板

文字工具的属性栏中只提供了很少的参数选项。如果要对文本进行更多的设置，就需要用"字符"面板和"段落"面板。

7.3.1 课堂案例：创建每日一签海报

实例位置	实例文件 > CH07> 创建每日一签海报 .psd
素材位置	素材文件 >CH07> 素材 03.jpg
视频位置	多媒体教学 >CH07> 创建每日一签海报 .mp4
技术掌握	文字的排版

本案例主要对文字的排版进行练习，最终效果如图7-37所示。

图 7-37

01 打开"素材文件 >CH07> 素 材 03.jpg"文件，如图 7-38 所示。

图 7-38

02 选择"横排文字工具"，设置字体为方正小标宋简体，字号为 135 点，颜色为深棕色（R:62，G:36，B:24），如图 7-39 所示，输入文字"努力"，效果如图 7-40 所示。

图 7-39

图 7-40

03 使用"横排文字工具",输入文字"hard work",参数设置如图 7-41 所示,效果如图 7-42 所示。

图 7-41

图 7-42

04 使用同样的方式,创建如图 7-43 所示的文字。

图 7-43

05 在图像右下角输入日期,如图 7-44~图 7-46 所示。

图 7-44

图 7-45

图 7-46

7.3.2 字符面板

"字符"面板中提供了比文字工具属性栏更多的调整选项,如图 7-47 所示。字体系列、字体样式、文字大小、文字颜色和消除锯齿等都与工具属性栏中的选项相对应。

图 7-47

字符面板选项介绍

● **设置行距** ⟨A⟩：行距就是上一行文字基线与下一行文字基线之间的距离。选择需要调整的文字图层，然后输入行距数值或在其下拉列表中选择预设的行距值，图7-48和图7-49所示分别是行距值为200点和250点时的文字效果。

图 7-48

图 7-49

● **设置两个字符间的字距微调** ⟨A⟩：用于设置两个字符的间距。在设置前先在两个字符间单击，设置插入点，如图7-50所示，然后对数值进行设置，图7-51所示是设置间距为200时的效果。

图 7-50

图 7-51

● **设置所选字符的字距调整** ⟨A⟩：在选择了字符的情况下，该选项用于调整所选字符的间距，如图7-52所示；在没有选择字符的情况下，该选项用于调整所有字符的间距，如图7-53所示。

图 7-52

图 7-53

● **设置所选字符的比例间距** ⟨A⟩：在选择了字符的情况下，该选项用于调整所选字符的比例间距；在没有选择字符的情况下，该选项用于调整所有字符的比例间距。

- **垂直缩放 IT/水平缩放 I**：这两个选项用于设置字符的高度和宽度。

- **设置基线偏移 A⁴**：用于设置文字与基线的距离，设置该选项可以升高或降低所选文字。

- **特殊字符样式**：特殊字符样式包括"仿粗体" T、"仿斜体" T、"上标" T¹、"下标" T₁ 等。

7.3.3 段落面板

"段落"面板提供了用于设置段落编排格式的所有选项，可以设置段落文本的对齐方式和缩进量等参数，如图7-54所示。

图7-54

段落面板选项介绍

- **左对齐文本 ≡**：文字左对齐，段落右端参差不齐，如图7-55所示。

- **居中对齐文本 ≡**：文字居中对齐，段落两端参差不齐，如图7-56所示。

- **右对齐文本 ≡**：文字右对齐，段落左端参差不齐。

- **最后一行左对齐 ≡**：最后一行左对齐，其他行左右两端强制对齐。

- **最后一行居中对齐 ≡**：最后一行居中对齐，其他行左右两端强制对齐。

- **最后一行右对齐 ≡**：最后一行右对齐，其

他行左右两端强制对齐。

- **全部对齐 ≡**：在字符间添加额外的间距，使文本左右两端强制对齐，如图7-57所示。

- **左缩进 ≡**：用于设置段落文本向右（横排文字）或向下（竖排文字）的缩进量，图7-58所示是设置左缩进为100点时的段落效果。

图7-55   图7-56

图7-57   图7-58

- **右缩进 ≡**：用于设置段落文本向左（横排文字）或向上（竖排文字）的缩进量。

- **首行缩进 ≡**：用于设置段落文本中每个段落的第1行文字向右（横排文字）或第1列文字向下（竖排文字）的缩进量，图7-59所示是首行缩进为80点时的段落效果。

- **段前添加空格 ≡**：设置光标所在段落与前一个段落的间隔距离，图7-60所示是段前添加空格为50点时的段落效果。

图 7-59　　　　　　　图 7-60

学习，读者可以制作出各式各样的文字效果。

7.4.1 课后习题：给图像添加复杂水印

实例位置	实例文件 >CH07> 给图像添加复杂水印 .psd
素材位置	素材文件 >CH07> 素材 04.jpg、素材 05.jpg
视频位置	多媒体教学 >CH07> 给图像添加复杂水印 .mp4
技术掌握	文字水印的设置方法

　　本习题主要对文字水印的设置进行练习，给图像素材添加水印，最终效果如图 7-61所示。

- **段后添加空格**：设置当前段落与此后一个段落的间隔距离。

- **避头尾法则设置：** 不能出现在一行的开头或结尾的字符称为避头尾字符，Photoshop提供了基于JIS标准的宽松和严格的避头尾集，宽松的避头尾设置忽略长元音字符和小平假名字符。选择"JIS宽松"或"JIS严格"选项时，可以防止在一行的开头或结尾出现不能使用的字母。

- **间距组合设置**：间距组合是为日语字符、罗马字符、标点、特殊字符、行开头、行结尾和数字的间距指定日语文本编排方式。选择"间距组合1"选项，可以对标点使用半角间距；选择"间距组合2"选项，可以对行中除最后一个字符外的大多数字符使用全角间距；选择"间距组合3"选项，可以对行中的大多数字符和最后一个字符使用全角间距；选择"间距组合4"选项，可以对所有字符使用全角间距。

- **连字**：勾选该选项以后，在输入英文单词时，如果段落文本框的宽度不够，英文单词将自动换行，并将单词用连字符连接起来。

7.4 课后习题

　　本章介绍了文字创建工具的用法，以及创建与编辑文本的方法等内容。通过对这一章内容的

图 7-61

01 打开素材，制作两条相交的虚线，如图 7-62 所示。

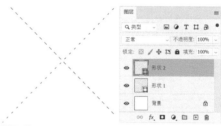

图 7-62

02 删除中间的虚线并输入文字，如图 7-63 所示，然后隐藏背景图层，并将图片做成自定义图案。

图 7-63

03 将文字图案叠加到人像图层上，如图7-64所示。

图7-64

7.4.2 课后习题：制作个人简历模板

实例位置	实例文件 >CH07> 制作个人简历模板 .psd
素材位置	素材文件 >CH07> 素材 06.jpg
视频位置	多媒体教学 >CH07> 制作个人简历模板 .mp4
技术掌握	个人简历模板制作方法

本习题主要练习个人简历模板的制作，最终效果如图7-65所示。

（教育背景、荣誉证书、工作经验、自我评价、联系方式部分）

图7-65

01 打开文件，创建一个圆形。后期直接将照片放上去，创建剪贴蒙版即可，如图7-66所示。

图7-66

02 输入黑色文字，如图7-67所示。

图7-67

03 创建一个矩形，如图7-68所示。

图7-68

04 输入文字，并完成剩下的板块的制作，如图7-69所示。

图7-69

142

第 8 章

08

路径与矢量工具

本章导读

众所周知，Photoshop 是一款强大的位图处理
软件，其实它在矢量图的处理上也毫不逊色。可以使
用钢笔工具和形状工具绘制矢量图形，然后通过控制
锚点来调整矢量图的形状。

本章学习要点

认识路径与锚点

绘制路径的方法

调整路径的方法

认识形状工具组

Photoshop

8.1 路径与矢量工具

使用Photoshop中的形状工具绘图时，要先了解这些工具可以绘制出什么图形，即绘图模式。了解绘图模式之后，就需要了解路径与锚点之间的关系，掌握这些内容才能更好地创建路径。

8.1.1 课堂案例：制作名片

实例位置	实例文件 > CH08> 制作名片 .psd
素材位置	素材文件 >CH08> 素材 01.jpg、素材 02.jpg、素材 03.jpg
视频位置	多媒体教学 >CH08> 制作名片 .mp4
技术掌握	矩形工具的使用方法

本案例主要练习"矩形工具"的使用，学习制作名片的方法，最终效果如图8-1所示。

图 8-1

01 打开"素材文件 >CH08> 素材 01.jpg"文件，如图8-2所示。

02 选择"矩形工具"，在属性栏中设置"模式"为"形状"，"填充"颜色为黑色，如图 8-3所示。

图 8-2

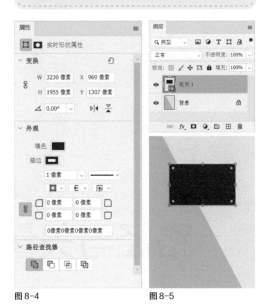
图 8-3

03 在图像窗口中按住鼠标左键拖曳，创建尺寸为 3 230 像素 ×1 955 像素的矩形，如图 8-4所示。图像窗口显示效果如图8-5所示，得到一个形状图层。

💡 小提示

名片的标准成品尺寸是 90mm×54mm，但加上上下左右各 2mm 的出血，制作尺寸一般设定为 94mm×58mm。此案例的目的在于介绍立体名片的设计过程，可以不必严格按照这个尺寸来设计。

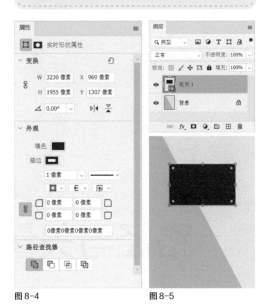

图 8-4   图 8-5

04 执行"图层>图层样式>投影"命令，设置参数，如图 8-6所示，单击"确定"按钮，给"矩形1"图层添加一个投影效果，如图 8-7所示。

05 打开"素材 02.jpg"文件，如图 8-8所示。

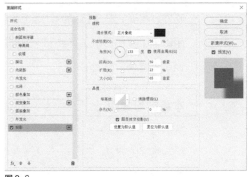

图 8-6

图 8-7   图 8-8

06 选择"移动工具",将"素材 02.jpg"直接拖曳到"素材 01.jpg"中,如图 8-9 所示。

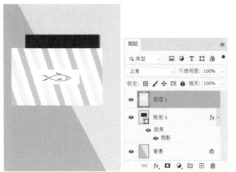

图 8-9

07 执行"图层 > 创建剪贴蒙板"命令(快捷键为 Alt+Ctrl+G),为"图层 1"添加剪贴蒙版,如图 8-10 所示。

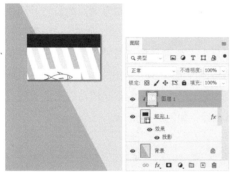

图 8-10

08 按快捷键 Ctrl+T,调整"图层 1"的大小及位置,如图 8-11 所示。

09 使用相同的方式,创建名片的另一面,效果如图 8-12 所示。

图 8-11　　图 8-12

8.1.2 了解绘图模式

使用 Photoshop 中的"钢笔工具"和形状工具可以绘制很多图形,图形的绘制模式包括"形状""路径""像素"3 种,如图 8-13 所示。在绘图前,要在工具属性栏中选择一种绘图模式才能进行绘制。

图 8-13

1. 形状

在属性栏中选择"形状"绘图模式,可以在单独的形状图层中创建形状图形,并且保留在"路径"面板中,如图 8-14 所示。路径可以转换为选区或创建矢量蒙版,当然也可以对其进行描边或填充。

图 8-14

2. 路径

在属性栏中选择"路径"绘图模式,可以创建工作路径。工作路径不会出现在"图层"面板中,只出现在"路径"面板中,如图 8-15 所示。

图 8-15

3. 像素

在属性栏中选择"像素"绘图模式，可以在当前图像上创建出栅格化的图像，即位图，如图8-16所示。这种绘图模式不能创建矢量图，因此"路径"面板中不会出现路径。

图8-16

8.1.3 认识路径与锚点

路径和锚点是同时存在的，有路径就必然存在锚点，锚点是为了调整路径而存在的。

1. 路径

路径是一种轮廓，它主要有以下5点用途。

第1点：可以使用路径作为矢量蒙版来隐藏图像区域。

第2点：将路径转换为选区。

第3点：可以将路径保存在"路径"面板中，以备随时使用。

第4点：可以使用颜色填充路径或为路径描边。

第5点：将图像导入页面排版或矢量编辑程序时，将已存储的路径指定为剪贴路径，可以使图像的一部分变为透明区域。

路径可以使用钢笔工具和形状工具来绘制，绘制的路径可以是开放式、闭合式或组合式的，如图8-17~图8-19所示。

> 💡 小提示
>
> 路径是不能被打印出来的，因为它是矢量对象，不包括像素，只有在路径中填充颜色后才能打印出来。

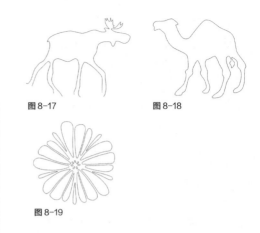

图8-17

图8-18

图8-19

2. 锚点

路径由一条或多条直线段或曲线段组成，锚点用于标记路径段的端点。在曲线段上，每个选中的锚点显示一条或两条方向线，方向线以方向点结束。方向线和方向点的位置共同决定了曲线段的长短和形状，如图8-20所示。锚点分为平滑点和角点两种类型。由平滑点连接的路径段可以形成平滑的曲线，如图8-21所示；由角点连接起来的路径段可以形成直线或转折曲线，如图8-22所示。

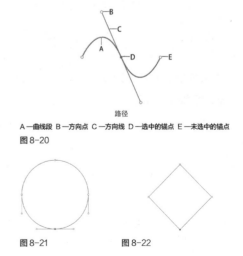

路径

A—曲线段 B—方向点 C—方向线 D—选中的锚点 E—未选中的锚点

图8-20

图8-21

图8-22

8.1.4 "路径"面板

执行"窗口>路径"菜单命令，打开面板，如图8-23所示，面板菜单如图8-24所示。

图 8-23

图 8-24

"路径"面板选项介绍

● **用前景色填充路径** ● ：素材（包括路径）如图8-25所示，单击该按钮，可以用前景色填充路径区域，效果如图8-26所示。

图 8-25

图 8-26

● **用画笔描边路径** ○ ：单击该按钮，可以用设置好的"画笔工具" ✓ 对路径进行描边，效果如图8-27所示。

图 8-27

● **将路径作为选区载入** ○ ：单击该按钮，可以将路径转换为选区，效果如图8-28所示。

图 8-28

● **从选区生成工作路径** ◇ ：如果当前文档中存在选区，如图8-29所示，单击该按钮，可以将选区转换为工作路径，如图8-30所示。

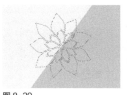

图 8-29

图 8-30

● **添加蒙版** □ ：单击该按钮，可以从当前选定的路径生成蒙版。素材如图8-31所示，按住Ctrl键，在"路径"面板中单击"添加蒙版"按钮 □ ，即可用当前路径为"图层1"添加一个矢量蒙版，如图8-32所示。图像效果如图8-33所示。

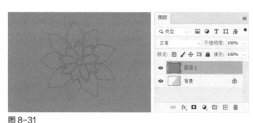

图 8-31

图 8-32

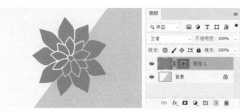

图 8-33

● **创建新路径** □ ：单击该按钮，可以创建一个新的路径。

● **删除当前路径** 🗑 ：将路径拖曳到该按钮上，可以将其删除。

8.1.5 绘制与运算路径

"钢笔工具" ✍ 是常用的路径绘制工具，使用该工具可以绘制任意形状的直线或曲线路径，其属性栏如图8-34所示。

图8-34

"钢笔工具"属性栏主要选项介绍

● **建立**：单击"选区"按钮 选区... ，可以将当前路径转换为选区。单击"蒙版"按钮 蒙版 ，可以基于当前路径为当前图层创建矢量蒙版。单击"形状"按钮 形状 ，可以将当前路径转换为形状。

如果要使用钢笔工具或形状工具创建多个子路径或子形状，可以在工具属性栏中单击"路径操作"按钮 ，然后在弹出的下拉列表中选择一种运算方式，以确定子路径的重叠区域会产生的交叉结果，如图8-35所示。

图8-35

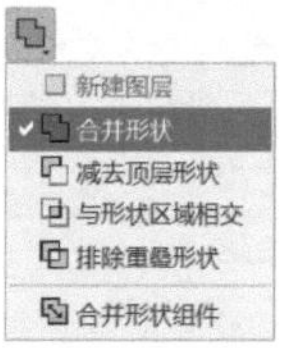

下面通过一个形状图层来讲解路径的运算方法，图8-36所示是原有的花朵图形，图8-37所示是要添加到花朵图形上的长方形图形。

图8-36 　　　　　图8-37

路径运算方式介绍

● **新建图层** ：选择该选项，可以新建形状图层。

● **合并形状** ：选择该选项，新绘制的图形将被添加到原有的形状中，使两个形状合并为一个形状，如图8-38所示。

图8-38

● **减去顶层形状** ：选择该选项，可以从原有的形状中减去新绘制的形状，如图8-39所示。

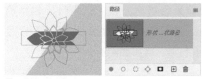
图8-39

● **与形状区域相交** ：选择该选项，可以得到新形状与原有形状的交叉区域，如图8-40所示。

图8-40

● **排除重叠形状** ：选择该选项，可以得到新形状与原有形状重叠部分以外的区域，如图8-41所示。

图8-41

● **合并形状组件** ：选择该选项，可以合并重叠的形状组件。

8.2 编辑路径

路径绘制好以后，如果需要修改，可以使用控制锚点的方法调整路径的形状。

8.2.1 课堂案例：利用钢笔工具抠出复杂图像

实例位置	实例文件 > CH08 > 利用钢笔工具抠出复杂图像 .psd
素材位置	素材文件 >CH08 > 素材 04.jpg、素材 05.jpg
视频位置	多媒体教学 >CH08 > 利用钢笔工具抠出复杂图像 .mp4
技术掌握	使用钢笔工具抠出图像的方法

本案例主要对使用钢笔工具抠出图像的方法进行学习，最终效果如图8-42所示。

图 8-42

① 打开"素材文件 >CH08> 素材 04.jpg"文件，如图 8-43 所示。要求使用钢笔工具将中间的一片树叶抠出来，移动到新的背景图层上。

图 8-43

② 选择钢笔工具，在属性栏中设置"模式"为"路径"，如图 8-44 所示。

图 8-44

③ 按快捷键 Ctrl++ 放大图像，然后在要抠取的树叶轮廓任意位置单击，添加起始锚点，如图 8-45 所示。

④ 在第一个锚点附近，按住鼠标左键添加第 2 个锚点并拖曳，此时新添加的锚点两端会出现呈 180° 分布的两条方向线，通过拖曳鼠标调整路径的弧度来创建与树叶轮廓吻合的曲线路径，确定好之后松开鼠标左键，效果如图 8-46 所示。

图 8-45

图 8-46

⑤ 按住 Alt 键，将鼠标指针移动到第 2 个锚点上方，等"钢笔工具"图标右下角出现倒立小 v 的时候，单击即可删除该锚点远离路径的一条方向线，效果如图 8-47 所示，这是为了避免该方向线影响下一段路径弧度。

⑥ 如图 8-48 所示，用同样的方式创建第 3 个锚点，并删除远离路径的一条方向线。

图 8-47

图 8-48

⑦ 使用同样的操作，依次创建其他的锚点，如图 8-49~ 图 8-51 所示。

图 8-49

图 8-50

图 8-51

⑧ 重复该操作，直到起始锚点和最终锚点重合，得到一条闭合路径，如图 8-52 所示。添加最终锚点时，先按住Alt键，然后在起始锚点上按住鼠标左键拖曳，即可调整该段路径的弧度。

图 8-52

09 按快捷键 Ctrl+Enter 即可将该闭合路径转换为如图 8-53 所示的选区。

图 8-53

10 按快捷键 Ctrl+J 复制一层选区内容，隐藏背景图层，树叶就被抠出来了，如图 8-54 所示。

图 8-54

11 打开"素材 05.jpg"文件，如图 8-55 所示。

12 将抠出的树叶移动到"素材 05.jpg"上，并执行"编辑 > 自由变换"命令，调整它的大小，如图 8-56 所示。

图 8-55

图 8-56

8.2.2 钢笔工具

"钢笔工具" ⌀.可以精确地创建或者修改路径，可以对图像进行抠图，可以创建UI图标等。使用"钢笔工具"可以给如图8-57所示的素材创建路径，如图8-58所示。将路径转化成选区并复制一层，然后将复制的图层移动到新的背景上，如图8-59所示。

图 8-57

图 8-58

图 8-59

8.2.3 在路径上添加锚点

使用"添加锚点工具" ⌀.可以在路径上添加锚点。将鼠标指针放在如图8-60所示的路径处（绿色圆圈内），当鼠标指针变成 🖊 形状时，在路径上单击即可添加一个锚点，如图 8-61所示。添加锚点以后，可以用"直接选择工具" ▸.对锚点进行调节，如图8-62所示。

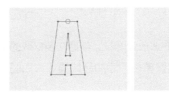

图 8-60   图 8-61

图 8-62

8.2.4 删除路径上的锚点

使用"删除锚点工具" ⌀.可以删除路径上的锚点。将鼠标指针放在如图8-63所示的锚点处（绿色圆圈内），当鼠标指针变成 🖊 状时，单击即可删除锚点，如图8-64所示。

图 8-63 　　　　　　　图 8-64

图 8-68 　　　　　　　图 8-69

图 8-70

8.2.7 直接选择工具

"直接选择工具"主要用来选择路径上的单个或多个锚点，可以移动锚点、调整方向线，如图8-71和图8-72所示。"直接选择工具"的属性栏如图8-73所示。

> **小提示**
> 路径上的锚点越多，这条路径就越复杂，而越复杂的路径就越难编辑，这时最好是先使用"删除锚点工具"删除多余的锚点，降低路径的复杂程度后再对其进行相应的调整。

8.2.5 转换路径上的锚点

"转换点工具"主要用来转换锚点的类型。将鼠标指针放在如图8-65所示的平滑点处（绿色圆圈内），在平滑点上单击，即可将平滑点转换为角点，效果如图8-66所示；在角点上按住鼠标左键拖曳可以将角点转换为平滑点，效果如图8-67所示。

图 8-71 　　　　　　　图 8-72

图 8-65 　　　　　　　图 8-66

图 8-73

图 8-67

8.2.8 变换路径

变换路径与变换图像的方法完全相同。在"路径"面板中选择路径，然后执行"编辑>自由变换路径"菜单命令或执行"编辑>变换路径"菜单中的命令即可对其进行相应的变换，如图8-74所示。

图 8-74

8.2.6 路径选择工具

使用"路径选择工具"可以选择单个的路径，也可以选择多个路径，同时它还可以用来组合、对齐和分布路径，如图8-68和图8-69所示，其属性栏如图8-70所示。

> **小提示**
> "移动工具"不能用来选择路径，只能用来选择图像，只有用"路径选择工具"才能选择路径。

8.2.9 将路径转换为选区

使用"钢笔工具"或形状工具绘制出路

径，如图8-75所示，可以通过以下3种方法将路径转换为选区。

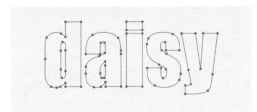

图8-75

第1种： 直接按快捷键Ctrl+Enter载入路径的选区，如图8-76所示。

图8-76

第2种： 在路径上单击鼠标右键，然后在弹出的菜单中选择"建立选区"命令，如图8-77所示。另外，也可以在属性栏中单击"选区"按钮 选区... 。

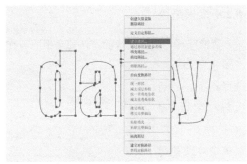

图8-77

第3种： 按住Ctrl键在"路径"面板中单击路径的缩览图，或单击"将路径作为选区载入"按钮 ，如图8-78所示。

图8-78

8.2.10 填充路径与形状

绘制好路径与形状后，可以给路径与形状填充颜色、图案和渐变色。

1. 填充路径

使用"钢笔工具"或形状工具绘制出路径以后，在路径上单击鼠标右键，然后在弹出的菜单中选择"填充路径"命令，如图8-79所示，打开"填充路径"对话框，在该对话框中可以设置需要填充的内容，如图8-80所示。图8-81是用图案填充路径以后的效果。

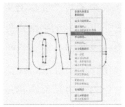

图8-79

图8-80

图8-81

2. 填充形状

使用钢笔工具或形状工具绘制出形状图层以后，如图8-82所示，可以在属性栏中单击"设置形状填充类型"按钮 ，在弹出的面板中可以选择纯色、渐变或图案对形状进行填充，如图8-83所示。

图8-82

图 8-83

形状填充类型介绍

● **无颜色** ▢：单击该按钮，表示不应用填充，但会保留形状路径，如图8-84所示。

图 8-84

● **纯色** ▦：单击该按钮，在弹出的颜色选择面板中选择一种颜色，可以用纯色对形状进行填充，如图8-85和图8-86所示。

图 8-85　　　　　图 8-86

● **渐变** ▧：单击该按钮，在弹出的渐变选择面板中选择一种颜色，可以用渐变色对形状进行填充，如图8-87和图8-88所示。

图 8-87　　　　　图 8-88

● **图案** ▦：单击该按钮，在弹出的图案选择面板中选择一种图像，可以用图案对形状进行填充，如图8-89和图8-90所示。

图 8-89　　　　　图 8-90

● **拾色器** ▭：在为形状填充纯色或渐变色时，可以单击该按钮打开"拾色器（填充颜色）"对话框，然后选择一种颜色作为纯色或渐变色。

8.2.11 为路径与形状描边

为路径和形状描边是一个非常重要的功能，在描边之前需要先设置好描边工具的参数。

1. 为路径描边

使用钢笔工具或形状工具绘制出路径以后，如图8-91所示，在路径上单击鼠标右键，在弹出的菜单中选择"描边路径"，可以打开"描边路径"对话框，在该对话框中可以选择描边的工具，如图8-92所示。图8-93所示是使用画笔为路径描边的效果。

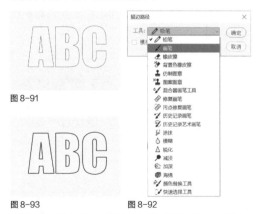

图 8-91

图 8-93　　　　　图 8-92

> 💡 **小提示**
>
> 设置好画笔的参数以后，按 Enter 键可以直接为路径描边。另外，在"描边路径"对话框中有一个"模拟压力"选项，勾选该选项，可以使描边的线条产生比较明显的粗细变化。

2.为形状描边

使用钢笔或形状工具绘制出形状图层以后，可以在属性栏中单击"设置形状描边类型"按钮，在弹出的面板中可以选择纯色、渐变或图案对形状进行描边，如图8-94所示。

图8-94

形状描边类型介绍

● **无颜色** ⊘：单击该按钮，表示不应用描边，但会保留形状路径，如图8-95所示。

图8-95

● **纯色** ▦：单击该按钮，在弹出的颜色选择面板中选择一种颜色，可以用纯色对形状进行描边，如图8-96所示。

● **渐变** ▨：单击该按钮，在弹出的渐变选择面板中选择一种颜色，可以用渐变色对形状进行描边，如图8-97所示。

图8-96　　　　　　图8-97

● **图案** ▦：单击该按钮，在弹出的图案选择面板中选择一种图案，可以用图案对形状进行描边，如图8-98所示。

图8-98

● **拾色器** ▦：在用纯色或渐变色为形状描边时，可以单击该按钮打开"拾色器（描边颜色）"对话框，然后选择一种颜色作为纯色或渐变色。

● **设置形状描边宽度** 10 像素 ∨：用于设置描边的宽度。

● **设置形状描边类型** —— ∨：单击该按钮，可以设置描边的样式等选项，如图8-99所示。

图8-99

描边样式：选择描边的样式，包括实线、虚线和圆点线3种。

对齐：选择描边与路径的对齐方式，包括内部▣、居中▣和外部▣3种。

端点：选择路径端点的样式，包括端面▦、圆形▦和方形▦3种。

角点：选择路径转折处的样式，包括斜接▦、圆形▦和斜面▦3种。

更多选项 更多选项... ：单击该按钮，可以打开"描边"对话框，如图8-100所示。在该对话框中除了可以设置上面的选项以外，还可以设置虚线各线段的间距。

图8-100

154

8.3 形状工具组

　　使用Photoshop中的形状工具可以创建出很多种矢量形状，这些工具包括"矩形工具" □、"圆角矩形工具" □、"椭圆工具" ○、"多边形工具" ○、"三角形工具" △、"直线工具" ╱和"自定形状工具" ╬。

8.3.1 课堂案例：制作 App 图标

实例位置	实例文件 > CH08> 制作 App 图标 .psd
素材位置	素材文件 >CH08> 素材 06.jpg
视频位置	多媒体教学 >CH08> 制作 App 图标 .mp4
技术掌握	圆角矩形工具的使用方法

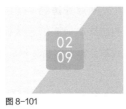

　　本案例主要对圆角矩形工具的使用进行练习，学习制作App图标的方法，最终效果如图8-101所示。

图 8-101

01 打开"素材文件 >CH08> 素材 06.jpg"文件，如图8-102所示。

图 8-102

02 选择"圆角矩形工具"，在属性栏中设置"模式"为"形状"，"填充"颜色为天蓝色（R:55，G:187，B:212），如图 8-103 所示。

图 8-103

03 在图像窗口中按住鼠标左键拖曳，创建尺寸为 600 像素 ×600 像素，圆角半径为 50 像素的圆角矩形，如图 8-104 所示。图像窗口显示效果如图 8-105 所示。

图 8-104

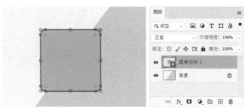

图 8-105

04 选择"矩形工具"，在属性栏中设置"模式"为"形状"，"填充"颜色为蓝色（R:85，G:197，B:218），如图 8-106 所示。

图 8-106

05 在图像窗口中按住鼠标左键拖曳，创建尺寸为 1 000 像素 ×400 像素的矩形（覆盖圆角矩形的上半部分），如图 8-107 所示，图像窗口显示效果如图 8-108 所示。

图 8-107

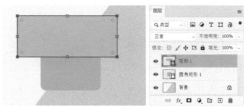

图 8-108

06 按快捷键 Alt+Ctrl+G，为"矩形 1"图层添加剪贴蒙版，如图 8-109 所示。

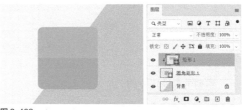

图 8-109

07 选择"横排文字工具"，输入数字，如图 8-110 所示，得到一个日历 App 图标。

根据上面的方法，在移动UI的制作过程中就可以轻松设计出所需App图标，图8-111所示为日历图标的简单应用。

图8-110 　　　　图8-111

8.3.2 矩形工具

使用"矩形工具" □ 可以创建出正方形和矩形，其使用方法与"矩形选框工具" □ 类似。在绘制时，按住Shift键可以绘制出正方形；按住Alt键可以以鼠标单击点为中心绘制矩形；按住Shift键和Alt键可以以鼠标单击点为中心绘制正方形。如图8-112所示，"注册"按钮是用矩形工具创建的，"矩形工具" □ 的属性栏如图8-113所示。

图8-112

图8-113

矩形工具选项介绍

● **矩形选项** ✿：单击该按钮，可以在弹出的下拉面板中设置矩形的创建方法，如图8-114所示。

图8-114

不受约束：勾选该选项，可以绘制出任意大小的矩形。

方形：勾选该选项，可以绘制出任意大小的正方形。

固定大小：勾选该选项后，可以在其后面的数值输入框中输入宽度（W）和高度（H）值，然后在图像上单击即可创建出矩形。

比例：勾选该选项后，可以在其后面的数值输入框中输入宽度（W）和高度（H）比例，此后创建的矩形始终保持这个比例。

从中心：以任意方式创建矩形时，勾选该选项，鼠标单击点即为矩形的中心。

● **对齐边缘**：勾选该选项后，可以使矩形的边缘与像素的边缘相重合，这样图形的边缘就不会出现锯齿，反之则会出现锯齿。

8.3.3 圆角矩形工具

使用"圆角矩形工具" □ 可以创建出具有圆角效果的矩形，其创建方法和属性与"矩形工具"相同，只是多了一个"半径"选项，如图8-115所示。"半径"选项用来设置圆角的半径，值越大，圆角半径越大。如图8-116所示，在Photoshop中可以精确设置圆角矩形的圆角半径与坐标位置。图8-117所示的"注册"按钮就是用圆角矩形工具创建的。

图8-115

图8-116　　　　图8-117

8.3.4 椭圆工具

使用“椭圆工具” ○.可以创建出椭圆和圆形，其设置选项如图8-118所示。如果要创建椭圆，拖曳鼠标进行创建即可；如果要创建圆形，可以按住Shift键或按住Shift键和Alt键（以鼠标单击点为中心）进行创建。图8-119的头像轮廓就是用椭圆工具创建的。

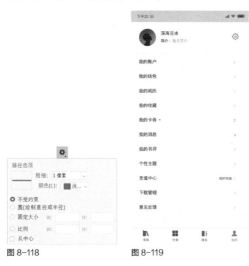

图 8-118

图 8-119

8.3.5 多边形工具

使用“多边形工具” ○.可以创建出正多边形（最少有3条边）和正星形，其设置选项如图8-120所示。图8-121所示的店招中“收藏我们”的标志就是用多边形工具创建的。

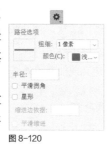

图 8-120

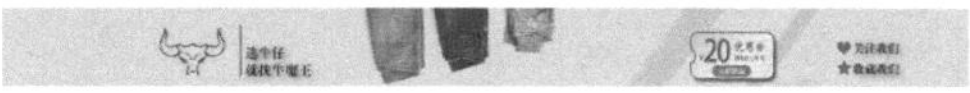

图 8-121

多边形工具选项介绍

- **边：**设置多边形的边数。设置为3时，可以创建出正三角形；设置为5时，可以绘制出正五边形。

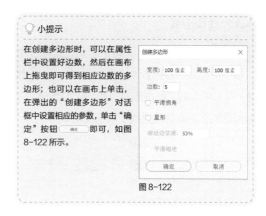

> **小提示**
>
> 在创建多边形时，可以在属性栏中设置好边数，然后在画布上拖曳即可得到相应边数的多边形；也可以在画布上单击，在弹出的“创建多边形”对话框中设置相应的参数，单击“确定”按钮 确定 即可，如图8-122所示。
>
>
>
> 图 8-122

- **多边形选项** ⚙.**：**单击该按钮，可以打开多边形选项面板，在该面板中可以设置多边形的半径，或将多边形创建为星形等。

半径：用于设置多边形或星形的半径。设置好半径数值以后，在画布中拖曳即可创建出相应半径的多边形或星形。

平滑拐角：勾选该选项以后，可以创建出具有平滑拐角效果的多边形或星形。

星形：勾选该选项后，可以创建星形，下面的“缩进边依据”选项主要用来设置星形边缘向中心缩进的百分比，数值越高，缩进量越大。

平滑缩进：勾选该选项后，可以使星形的每条边向中心平滑缩进。

8.3.6 三角形工具

使用“三角形工具” △.可以创建如图8-123所示的尖角三角形和圆角三角形，其设置选项如图8-124所示。

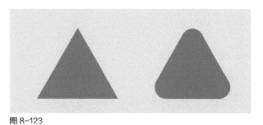

图 8-123

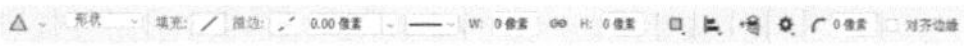

图 8-124

8.3.7 直线工具

使用"直线工具" ╱ 可以创建出直线和带有箭头的路径，其设置选项如图8-125所示。如图8-126所示的"我的账户"和"我的钱包"之间的分隔线就是使用直线工具创建的。

图 8-125　　　　图 8-126

直线工具选项介绍

● **粗细**：设置直线或箭头线的粗细。

● **箭头选项** ✿：单击该按钮，可以打开箭头选项面板，在该面板中可以设置箭头的样式。

起点/终点：勾选"起点"选项，可以在直线的起点处添加箭头，如图8-127所示；勾选"终点"选项，可以在直线的终点处添加箭头，如图8-128所示；勾选"起点"和"终点"选项，则可以在两端都添加箭头，如图8-129所示。

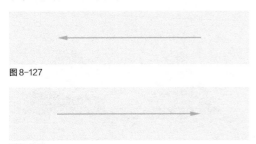

图 8-127

图 8-128

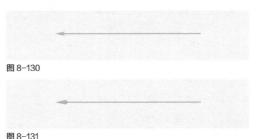

图 8-129

宽度：用来设置箭头宽度与直线宽度的比值。

长度：用来设置箭头长度与直线宽度的比值。

凹度：用来设置箭头的凹陷程度，范围为−50%~50%。值为0%时，箭头尾部平齐；值大于0%时，箭头尾部向内凹陷，如图8-130所示；值小于0%时，箭头尾部向外凸出，如图8-131所示。

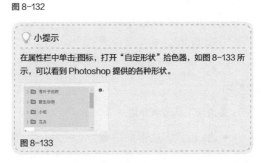

图 8-130

图 8-131

8.3.8 自定形状工具

使用"自定形状工具" ⌖ 可以创建出非常多的形状，其设置选项如图8-132所示。这些形状既可以是Photoshop预设的形状，也可以是自定义或加载的外部形状。

图 8-132

> 💡 小提示
>
> 在属性栏中单击图标，打开"自定形状"拾色器，如图8-133所示，可以看到 Photoshop 提供的各种形状。
>
> 图 8-133

8.4 课后习题

本节安排了两个课后习题供读者练习,通过练习,读者可以巩固形状工具的用法及路径的绘制和编辑方法等知识。

8.4.1 课后习题:制作软件登录界面

实例位置	实例文件 > CH08> 制作软件登录界面 .psd
素材位置	素材文件 >CH08> 素材 07.jpg
视频位置	多媒体教学 >CH08> 制作软件登录界面 .mp4
技术掌握	"矩形工具"和"圆角矩形工具"的用法

本习题主要对"矩形工具"和"圆角矩形工具"的使用进行练习,制作软件登录界面,效果如图8-134所示。

图 8-134

⓵ 打开素材,创建白色矩形作为通知栏,在通知栏左侧输入时间,然后用矢量工具创建"电量""无线"和"信号"图标,如图8-135所示。

⓶ 输入"logo"文字,用于放置 App 的 Logo,如图 8-136 所示。

图 8-135   图 8-136

⓷ 创建橘红色矩形框,在矩形框左侧创建"昵称"图标,输入"昵称"文字,在右侧创建"错误"图标,如图 8-137 所示。

⓸ 创建与密码相关的图标和文字,如图 8-138 所示。

图 8-137   图 8-138

⓹ 创建登录和注册的图标和文字,如图 8-139 所示。

图 8-139

8.4.2 课后习题：将图片切成九宫格

实例位置	实例文件 > CH08> 将图片切成九宫格 .psd
素材位置	素材文件 >CH08> 素材 08.psd
视频位置	多媒体教学 >CH08> 将图片切成九宫格 .mp4
技术掌握	圆角矩形工具和图层蒙版的用法

本习题主要对圆角矩形工具和图层蒙版的使用进行练习，将图片切成九宫格，效果如图8-140所示。

图 8-140

01 打开素材，给图像添加参考线，如图 8-141 所示。

图 8-141

02 在图像窗口中创建路径，并转换为选区，如图 8-142 所示。

图 8-142

03 给图层添加一个图层蒙版，隐藏选区以外的部分，如图 8-143 所示。

图 8-143

第 9 章

蒙版

本章导读

　　蒙版原本是指用于控制照片不同区域曝光的传统暗房技术。而在 Photoshop 中，蒙版是一种可以隐藏图像的工具。

　　蒙版分为图层蒙版、剪贴蒙版、矢量蒙版和快速蒙版。图层蒙版和橡皮擦的功能相似，它可以控制图层的显示程度，除了擦除，也可以恢复更改前的内容，并且蒙版上的操作对原图是无损的；剪贴蒙版是用下方某个轮廓较小图层的内容（形状）来遮挡它上方图层的内容；矢量蒙版可以任意缩放，不影响清晰度；快速蒙版可以用画笔来创建选区。

本章学习要点

图层蒙版的工作原理

图层蒙版的相关操作

剪贴蒙版的使用方法

快速蒙版和矢量蒙版的用法

9.1 图层蒙版

图层蒙版是所有蒙版中最为重要的一种，也是实际工作中使用频率较高的工具，它可以用来隐藏、合成图像等。另外，在创建调整图层、填充图层，以及为智能对象添加智能滤镜时，Photoshop会自动为图层添加一个图层蒙版，可以在图层蒙版中对调色范围、填充范围及滤镜应用区域进行调整。

9.1.1 课堂案例：给单调的天空添加蓝天白云

实例位置	实例文件 >CH09> 给单调的天空添加蓝天白云 .psd
素材位置	素材文件 >CH09> 素材 01.jpg、素材 02.jpg
视频位置	多媒体教学 >CH09> 给单调的天空添加蓝天白云 .mp4
技术掌握	图层蒙版的使用方法

本案例主要对"图层蒙版"命令的使用进行练习，用"图层蒙版"快速合成两张图像，效果如图9-1所示。

图9-1

01 打开"素材文件 >CH09> 素材 01.jpg 和素材 02.jpg"文件，如图 9-2 和图 9-3 所示。

图9-2

图9-3

02 选择"移动工具"，将"素材 02.jpg"拖曳到"素材 01.jpg"中，如图 9-4 所示。

图9-4

03 执行"编辑 > 变换 > 缩放"命令，将"素材 02"调整至合适大小，按 Enter 键确认变换操作，效果如图 9-5 所示。

图9-5

04 执行"图层 > 图层蒙版 > 显示全部"命令，给图层 1 添加一个白色图层蒙版，如图 9-6 所示。

图9-6

05 选择"渐变工具"，如图 9-7 所示，设置一个由黑到白的渐变条，然后在图像窗口中按住鼠标左键向下（图中箭头方向）拖曳，如图 9-8 所示。

图9-7

图9-8

9.1.2 图层蒙版的工作原理

图层蒙版是将不同灰度数值转换为不同的透明度，并作用到它所在的图层上，使图层不同部位的透明度产生相应的变化。可以将它理解为在当前图层上面覆盖了一层玻璃，这种玻璃有透明、半透明和不透明3种，第1种显示全部图像，第2种若隐若现，第3种隐藏图像，在Photoshop中，图层蒙版遵循"黑透，白不透"的工作原理。

打开一个包含"图层1"和"背景"两个图层的素材，如图9-9所示，如果给图层1添加一个白色的图层蒙版，此时图像窗口中将完全显示"图层1"图层的内容。

图 9-9

如图9-10所示，如果给"图层1"图层添加一个黑色的图层蒙版，此时图像窗口中将完全隐藏"图层1"图层，只显示"背景"图层的内容。

图 9-10

如图9-11所示，如果给"图层1"图层添加一个灰色（R:136，G:136，B:136）的图层蒙版，此时图像窗口中的"图层1"图层将以半透明的形式显示。

图 9-11

> 💡 小提示
>
> 除了可以在图层蒙版中填充颜色以外，还可以在图层蒙版中填充

渐变色；同样，也可以使用不同的画笔工具来编辑蒙版。此外，还可以在图层蒙版中应用各种滤镜效果。

9.1.3 创建图层蒙版

创建图层蒙版的方法有很多种，既可以直接在图层面板中创建，也可以从选区或图像中生成图层蒙版。

1. 在"图层"面板中创建图层蒙版

选择要添加图层蒙版的图层，然后在图层面板底部单击"添加图层蒙版"按钮 □，如图9-12所示，可以为当前图层添加一个图层蒙版，如图9-13所示。

图 9-12　　　　　　图 9-13

2. 从选区生成图层蒙版

如果当前图像中存在选区，如图9-14所示，单击图层面板底部的"添加图层蒙版"按钮 □，可以基于当前选区为图层添加图层蒙版，选区以外的图像将被蒙版隐藏，如图9-15所示。

图 9-14

图 9-15

小提示

创建选区蒙版以后，可以在属性面板中调整羽化数值，以模糊蒙版，制作出朦胧的效果，如图9-16和图9-17所示。

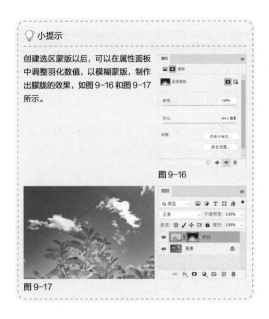

图9-16

图9-17

9.1.4 应用图层蒙版

在图层蒙版缩览图上单击鼠标右键，在弹出的菜单中选择“应用图层蒙版”命令，如图9-18所示，可以将蒙版应用在当前图层中，如图9-19所示。应用图层蒙版以后，蒙版效果将会应用到图像上，也就是说蒙版中的黑色区域将被删除，白色区域将被保留下来，而灰色区域将呈透明效果。

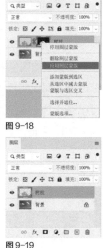

图9-18

图9-19

9.1.5 停用/启用/删除图层蒙版

在操作中，有时候需要暂时隐藏蒙版效果，这时就可以停用蒙版，需要再次使用的时候又可以启用蒙版，当然也可以直接删除蒙版。

1. 停用图层蒙版

如果要停用图层蒙版，可以采用以下两种方法。

第1种： 执行“图层>图层蒙版>停用”菜单命令，或在图层蒙版缩览图上单击鼠标右键，在弹出的菜单中选择“停用图层蒙版”命令，如图9-20所示。停用蒙版后，“属性”面板中的缩览图和“图层”面板中的蒙版缩览图中都会出现红色的交叉线，如图9-21所示。

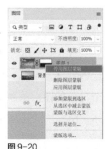

图9-20

图9-21

第2种： 选择图层蒙版，然后在“属性”面板底部单击“停用/启用蒙版”按钮，如图9-22所示。

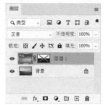

图9-22

2. 重新启用图层蒙版

在停用图层蒙版以后，如果要重新启用图层蒙版，可以采用以下3种方法。

第1种： 执行“图层>图层蒙版>启用”菜单命令，或在蒙版缩览图上单击鼠标右键，然后在弹出的菜单中选择“启用图层蒙版”命令，如图9-23和图9-24所示。

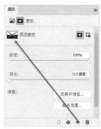

图9-23

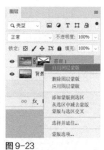

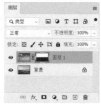

图9-24

第2种： 在蒙版缩览图上单击，即可重新启用图层蒙版。

第3种： 选择蒙版，然后在"属性"面板的底部单击"停用/启用蒙版"按钮 ◉ 。

3.删除图层蒙版

如果要删除图层蒙版，可以采用以下3种方法。

第1种： 执行"图层>图层蒙版>删除"菜单命令，或在蒙版缩览图上单击鼠标右键，在弹出的菜单中选择"删除图层蒙版"命令，如图9-25和图9-26所示。

图 9-25

图 9-26

第2种： 将蒙版缩览图拖曳到图层面板底部的"删除图层"按钮 🗑 上，如图9-27所示，然后在弹出的对话框中单击"删除"按钮 删除 ，如图9-28所示。

图 9-27　　　　图 9-28

第3种： 选择蒙版，在"属性"面板中单击"删除蒙版"按钮 🗑 。

9.1.6 转移／替换／拷贝图层蒙版

在操作中，有时候需要将某一个图层的蒙版用于其他图层上，这时可以通过操作将图层蒙版转移到目标图层上；也可以使用一个图层蒙版去替换另一个图层蒙版；还可以将一个图层蒙版拷贝到其他图层上。

1.转移图层蒙版

如果要将某个图层的蒙版转移到其他图层上，可以将蒙版缩览图拖曳到其他图层上，如图9-29和图9-30所示。

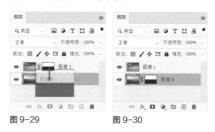

图 9-29　　　　图 9-30

2.替换图层蒙版

如果要用一个图层的蒙版替换掉另外一个图层的蒙版，可以将该图层的蒙版缩览图拖曳到另外一个图层的蒙版缩览图上，如图9-31所示，然后在弹出的对话框中单击"是"按钮 是(Y) ，如图9-32所示。替换图层蒙版以后，"图层1"的蒙版将被删除，同时"图层0"的蒙版会被换成"图层1"的蒙版，如图9-33所示。

图 9-31

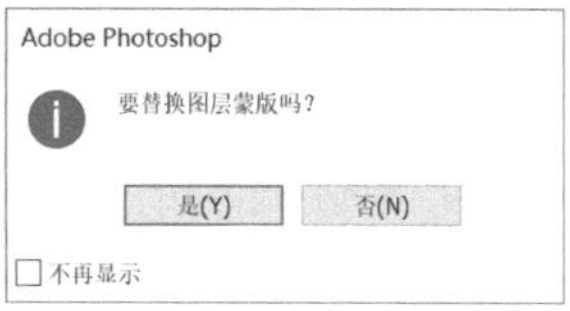

图 9-32 　　　　图 9-33

3.拷贝图层蒙版

如果要将一个图层的蒙版拷贝到另外一个图层上，可以按住Alt键将蒙版缩览图拖曳到另外一个图层上，如图9-34和图9-35所示。

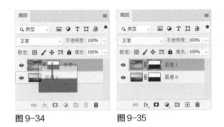

图 9-34　　　　图 9-35

9.2 剪贴蒙版

剪贴蒙版技术非常重要，它可以用一个图层中的图像来控制处于上层图像的显示范围，并且可以针对多个图像。另外，可以为一个或多个调整图层创建剪贴蒙版，使其只针对一个图层进行调整。

9.2.1 课堂案例：清除头发边缘的杂色

实例位置	实例文件 >CH09> 清除头发边缘的杂色 .psd
素材位置	素材文件 >CH09> 素材 03.psd
视频位置	多媒体教学 >CH09> 清除头发边缘的杂色 .mp4
技术掌握	剪贴蒙版的使用方法

本案例主要对剪贴蒙版命令的使用进行练习，清除头发边缘的杂色，效果如图9-36所示。

图 9-36

01 打开"素材文件 >CH09> 素材 03.psd"文件，如图 9-37 所示，可以观察到人像头发的周围存在一定的杂色。

图 9-37

02 按快捷键 Ctrl+Shift+N，单击"确定"按钮，新建一个空白图层，如图 9-38 所示，将该图层重命名为"清除杂色"。按快捷键 Alt+Ctrl+G为该图层添加剪贴蒙版，如图 9-39 所示。

图 9-38　　　　图 9-39

03 选择"吸管工具"，在头发颜色正常的区域单击选取颜色，如图 9-40 所示。选择"画笔工具"，设置画笔大小为 70 像素，样式为"柔角 30"，"不透明度"为 45%，如图 9-41 所示。使用画笔在人像头发有杂色的边缘处涂抹，如图 9-42 所示。

图 9-40　　　　图 9-42

图 9-41

04 使用相同的方式处理剩余的杂色，最终效果如图 9-43 所示。

图 9-43

9.2.2 剪贴蒙版的工作原理

剪贴蒙版一般应用于文字、形状和图像之间的相互合成中。剪贴蒙版是两个或两个以上的图层所构成的，处于下方的图层被称为基底图层，用于控制其上方图层的显示区域，其上方图层被称为内容图层。图9-44所示为使用剪贴蒙版制作的图像效果，图9-45所示为图层面板状态。在一个剪贴蒙版中，基底图层只能有一个，而内容图层则可以有若干个。

图9-44　　　　　图9-45

9.2.3 创建与释放剪贴蒙版

在操作中，需要使用剪贴蒙版的时候可以为图层创建剪贴蒙版，不需要的时候可以通过操作释放剪贴蒙版，释放剪贴蒙版后原来的剪贴蒙版会变回一个正常的图层。

1.创建剪贴蒙版

打开一个图像，如图9-46所示，这个图像中包含3个图层，即"背景"图层、"基层"图层和"内容"图层。下面就以这个图像为例来讲解创建剪贴蒙版的3种常用方法。

图9-46

第1种：选择"内容"图层，然后执行"图层>创建剪贴蒙版"菜单命令（快捷键为Alt+Ctrl+G），可以将"内容"图层和"基层"图层创建为一个剪贴蒙版，创建剪贴蒙版以后，"内容"图层就只显示"基层"图层的区域，如图9-47所示。

图9-47

💡 小提示

剪贴蒙版虽然可以应用在多个图层中，但是这些图层不能是隔开的，必须是相邻的图层。

第2种：在"内容"图层的名称上单击鼠标右键，然后在弹出的菜单中选择"创建剪贴蒙版"命令，如图9-48所示，即可将"内容"图层和"基层"图层创建为一个剪贴蒙版，如图9-49所示。

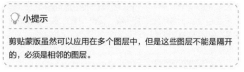

图9-48

第3种：按住Alt键，然后将鼠标指针放在"内容"图层和"基层"图层之间的分隔线上，待鼠标指针变成⤵□形状时单击，如图9-50所示，这样也可以将"内容"图层和"基层"图层创建为一个剪贴蒙版，如图9-51所示。

图9-49

图9-50　　　　　图9-51

💡 小提示

在一个剪贴蒙版中，最少包含两个图层，处于最下面的图层为基底图层，位于其上面的图层统称为内容图层，如图9-52和图9-53所示。

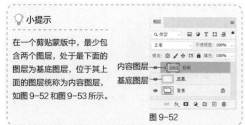

图9-52

167

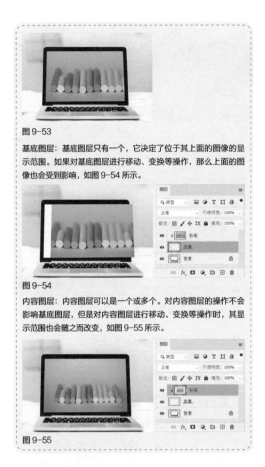

图9-53

基底图层：基底图层只有一个，它决定了位于其上面的图像的显示范围。如果对基底图层进行移动、变换等操作，那么上面的图像也会受到影响，如图9-54所示。

图9-54

内容图层：内容图层可以是一个或多个。对内容图层的操作不会影响基底图层，但是对内容图层进行移动、变换等操作时，其显示范围也会随之而改变，如图9-55所示。

图9-55

2.释放剪贴蒙版

创建剪贴蒙版以后，如果要释放剪贴蒙版，可以采用以下3种方法。

第1种： 选择"内容"图层，然后执行"图层>释放剪贴蒙版"菜单命令（快捷键为Alt+Ctrl+G），即可释放剪贴蒙版，释放剪贴蒙版以后，"内容"图层就不再受"基底"图层的控制，如图9-56所示。

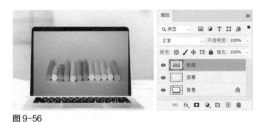

图9-56

第2种： 在"内容"图层的名称上单击鼠标右键，然后在弹出的菜单中选择"释放剪贴蒙版"命令，如图9-57所示。

图9-57

第3种： 按住Alt键，然后将鼠标指针放置在"内容"图层和"基底"图层之间的分隔线上，如图9-58所示，待鼠标指针变成形状时单击。

图9-58

9.2.4 编辑剪贴蒙版

剪贴蒙版作为图层，也具有图层的属性，可以对"不透明度"及"混合模式"进行调整。

1.编辑内容图层

当对内容图层的"不透明度"和"混合模式"进行调整时，不会影响到剪贴蒙版中的其他图层，而只与基底图层混合，如图9-59所示。

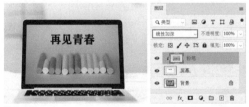

图9-59

2.编辑基底图层

当对基底图层的"不透明度"和"混合模式"进行调整时，整个剪贴蒙版中的所有图层都会以设置的不透明度数值及混合模式混合，如图9-60所示。

图9-60

9.3 快速蒙版和矢量蒙版

快速蒙版和矢量蒙版在Photoshop中的使用率也比较高，使用这两种蒙版可以抠取图像或隐藏图像等。

9.3.1 课堂案例：制作景深效果

实例位置	实例文件 >CH09> 制作景深效果 .psd
素材位置	素材文件 >CH09> 素材 04.jpg
视频位置	多媒体教学 >CH09> 制作景深效果 .mp4
技术掌握	快速蒙版的使用方法

本案例主要对快速蒙版命令的使用进行练习，制作景深效果，效果如图9-61所示。

图 9-61

01 打开"素材文件 >CH09> 素材 04.jpg"文件，如图9-62 所示。

02 执行"选择 > 在快速蒙版模式下编辑"命令，给"背景"图层添加快速蒙版，如图9-63所示。

图 9-62

图 9-63

03 选择"画笔工具"，设置画笔大小为1400像素，样式为"柔角 30"，"不透明度"为 45%，如图9-64 所示。使用画笔在素材中间部分涂抹，如图9-65 所示。

图 9-64

图 9-65

04 执行"选择 > 在快速蒙版模式下编辑"命令，退出快速蒙版，得到如图 9-66 所示的选区。

图 9-66

05 执行"滤镜 > 模糊 > 高斯模糊"命令，打开对话框，如图 9-67 所示，设置"半径"为 15像素，单击"确定"按钮，按快捷键 Ctrl+D 取消选区，如图9-68 所示。

图 9-67

图 9-68

9.3.2 快速蒙版

1. 快速蒙版的工作原理

通过画笔来创建选区，快速蒙版本身用来暂时存储选区。

2. 创建快速蒙版

在菜单栏中执行"选择>在快速蒙版模式下编辑"命令即可给图层添加快速蒙版。如图9-69所示，添加了快速蒙版的图层会带有颜色。

图9-69

💡 **小提示**

单击"以快速蒙版模式编辑" □ 也可以为图层添加快速蒙版，如图9-70所示。

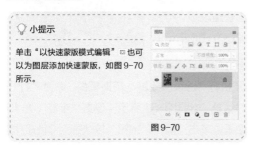

图9-70

3. 编辑快速蒙版

如图9-71所示，执行"选择>在快速蒙版模式下编辑"命令，给素材添加快速蒙版，然后选择"画笔工具"，调整画笔的大小和不透明度来控制绘制的颜色深浅，图9-72为绘制效果，绘制完成后执行"选择>在快速蒙版模式下编辑"命令，即可给绘制区域添加选区，如图9-73所示。

图9-71

图9-72

图9-73

如图9-74所示，对选区内容执行"滤镜>模糊>动感模糊"命令，得到如图9-75所示的效果，执行"选择>取消选择"命令取消选区，如图9-76所示。

图9-74

图9-75

图9-76

9.3.3 矢量蒙版

矢量蒙版可以任意放大或缩小，并且可随时用路径工具修改形状。

1. 创建矢量蒙版

执行"图层>矢量蒙版>显示全部/隐藏全部"命令即可创建矢量蒙版。对于存在路径的图像，执行"图层>矢量蒙版>当前路径"命令也可以为素材添加矢量蒙版，如图9-77所示。

图 9-77

2. 编辑矢量蒙版

如图9-78所示的图像含有"人像"和"背景"两个图层，选择"圆角矩形工具"，在属性栏中选择"路径"和"合并形状"，如图9-79所示。在图像窗口中创建路径，如图9-80所示。

图 9-78

图 9-79

图 9-80

执行"图层>矢量蒙版>当前路径"命令，为"人像"图层添加矢量蒙版，如图9-81所示，矢量蒙版中的灰色表示当前图层完全变透明，矢量蒙版中的白色表示当前图层透明度不发生改变。

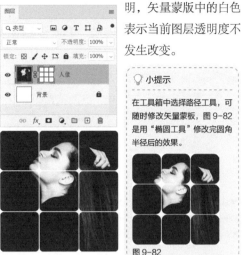

图 9-81

> **小提示**
>
> 在工具箱中选择路径工具，可随时修改矢量蒙板，图 9-82 是用"椭圆工具"修改完圆角半径后的效果。

图 9-82

9.4 课后习题

通过对这一章内容的学习，相信读者已充分了解了图层蒙版、剪贴蒙版、快速蒙版和矢量蒙版的相关知识及操作方法，下面通过两个习题来进行巩固。

9.4.1 课后习题：制作枯荣共存的树

实例位置	实例文件 >CH09> 制作枯荣共存的树 .psd
素材位置	素材文件 >CH09> 素材 05.jpg、素材 06.jpg
视频位置	多媒体教学 >CH09> 制作枯荣共存的树 .mp4
技术掌握	图层蒙版命令的使用方法

本习题主要对图层蒙版命令的使用进行练习，制作对比效果，效果如图9-83所示。

图 9-83

01 打开两个素材，将彩色素材移动到黑白素材之上，并给彩色素材添加一个白色的图层蒙版，如图9-84所示。

02 设置一个由黑到白的渐变条，并对一些细节进行修饰，如图9-85所示。

图9-84　　　　图9-85

03 将上一步盖印得到的图层拖曳到相框素材中，调整图像的大小和位置。清除超出相框的部分，如图9-89所示。

图9-89

9.4.2 课后习题：制作双重曝光肖像

实例位置	实例文件 >CH09> 制作双重曝光肖像 .psd
素材位置	素材文件 >CH09> 素材 07.psd、素材 08.jpg、素材 09.jpg
视频位置	多媒体教学 >CH09> 制作双重曝光肖像 .mp4
技术掌握	剪贴蒙版命令的使用方法

　　本习题主要对剪贴蒙版命令的使用进行练习，制作双重曝光效果，效果如图9-86所示。

图9-86

01 将风景素材移动到人像素材之上，并调整大小，如图9-87所示。

02 为风景图层创建剪贴蒙版并盖印一层，效果如图9-88所示。

图9-87　　　　图9-88

10

通道

本章导读

通道作为图像的组成部分，是和图像的格式密不可分的，不同的图像色彩和格式决定了通道的数量与模式，这些在通道面板中可以直观地看到。通过通道可以建立精确的选区，它多用于抠图和调色。

本章学习要点

通道的类型

通道的基本操作

用通道调色

用通道抠图

Photoshop

10.1 通道的基本操作

在Photoshop中对通道的操作都将在"通道"面板中完成，下面将介绍通道的类型、"通道"面板，以及通道的基本操作。

10.1.1 课堂案例：利用通道调整图像的颜色

实例位置	实例文件 >CH10> 利用通道调整图像的颜色 .psd
素材位置	素材文件 >CH10> 素材 01.jpg
视频位置	多媒体教学 >CH10> 利用通道调整图像的颜色 .mp4
技术掌握	利用通道调色的方法

本案例主要学习利用通道调色的方法，效果如图10-1所示。

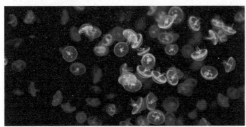

图10-1

01 打开"素材文件 >CH10> 素材01.jpg"文件，如图10-2所示。

图10-2

02 执行"图层 >新建调整图层 >曲线"命令，在"新建图层"对话框中单击"确定"按钮，打开"曲线"面板，如图10-3所示。

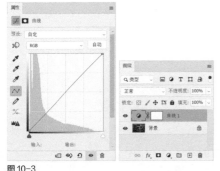

图10-3

03 选择"绿"通道，然后调整曲线，如图10-4所示，减少图像中的绿色，增加图像中的洋红色，将素材调整成偏洋红的色调，如图10-5所示。

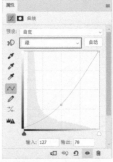

图10-4

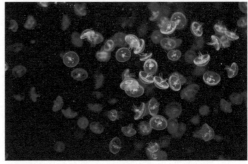

图10-5

10.1.2 通道的类型

Photoshop中有3种不同的通道，分别是颜色通道、Alpha通道和专色通道，它们的功能各不相同。

1. 颜色通道

打开一张图像的"通道"面板，默认显示的通道称为颜色通道。这些通道的名称与图像本身的颜色模式相对应，常用的两种颜色模式一种是RGB颜色模式，相对应的通道名称为红、绿和蓝，如图10-6所示。另一种是CMYK颜色模式，相对应的通道名称为青色、洋红、黄色和黑色，如图10-7所示。

图10-6

图10-7

通道用来存储构成图像信息的灰度图像（黑白灰），下面以图10-8所示的RGB颜色模式的图像为例，分别分析它的红、绿、蓝3个通道，来说明通道的原理。

图10-8

在通道面板中，单击红通道的缩览图，会只选择红通道，如图10-9所示。原图像中左下角的一块都偏向红色，所以在红通道的灰度图像里，这一块全是白色，其他两块区域中因为有一部分浅白色，而白色是由红、绿、蓝组成的，所以这两块区域中显示不同级别的灰色。

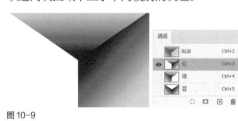

图10-9

在通道面板中，单击绿通道的缩览图，会只选择绿通道，如图10-10所示。原图像中右下角的一块都偏向绿色，所以在绿通道的灰度图像里，这一块全是白色，其他两块区域中因为有一部分浅白色，而白色是由红绿蓝组成的，所以这两块区域中显示不同级别的灰色。

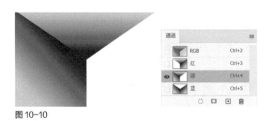

图10-10

在通道面板中，单击蓝通道的缩览图，会只选择蓝通道，如图10-11所示。原图像中上方的一块都偏向蓝色，所以在蓝通道的灰度图像里，

这一块全是白色，其他两块区域中因为有一部分浅白色，而白色是由红绿蓝组成的，所以这两块区域中显示不同级别的灰色。

图10-11

2. Alpha 通道

在认识Alpha通道之前先打开一张图像，该图像中包含一个盘子的选区，如图10-12所示。下面就用这张图像来讲解Alpha通道的主要功能。

图10-12

在"通道"面板下面单击"将选区存储为通道"按钮 ，可以创建一个Alpha1通道，同时选区会被存储到通道中，这就是Alpha通道的第1个功能，即存储选区，如图10-13所示。

图10-13

单击Alpha1通道，将其单独选中，此时文档窗口中将显示如图10-14所示的黑白图像，这是Alpha通道的第2个功能，即存储黑白图像，其中黑色区域表示不能被选择的区域，白色区域表示可以选取的区域（如果有灰色区域，表示可以被部分选中）。

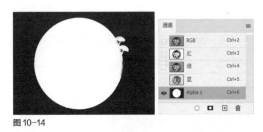

图10-14

在"通道"面板下面单击"将通道作为选区载入"按钮 ○ 或按住Ctrl键并单击Alpha1通道的缩览图，可以载入Alpha1通道的选区，这就是Alpha通道的第3个功能，即可以从Alpha通道中载入选区，如图10-15所示。

图10-15

3. 专色通道

专色通道主要用来指定用于专色油墨印刷的附加印版。它可以保存专色信息，同时也具有Alpha通道的特点。每个专色通道只能存储一种专色信息，而且是以灰度形式来存储的。专色通道的名称通常是所使用的油墨颜色的名称。

> 💡 小提示
>
> 除了位图模式外，其余所有颜色模式的图像都可以建立专色通道。

10.1.3 通道面板

在Photoshop中，要对通道进行操作，就必须使用"通道"面板。执行"窗口>通道"菜单命令，即可打开"通道"面板，"通道"面板会根据图像文件的颜色模式显示通道数量，图10-16为素材文件，图10-17和图10-18分别为RGB颜色模式和CMYK颜色模式下的"通道"面板。

图10-16

图10-17　　　　　图10-18

在"通道"面板中单击一个通道即可选中该通道，选中的通道会以高亮的形式显示，这时就可以对该通道进行编辑，也可以按住Shift键单击选中多个通道。

通道面板选项介绍

● **将通道作为选区载入** ○：单击该按钮，可以将通道中的图像载入选区，按住Ctrl键单击通道缩览图也可以将通道中的图像载入选区。

● **将选区存储为通道** □：如果图像中有选区，单击该按钮，可以将选区中的内容自动存储到创建的Alpha通道中。

● **创建新通道** □：单击该按钮，可以新建一个Alpha通道。

● **删除当前通道** 🗑：将通道拖曳到该按钮上，可以删除此通道。

10.1.4 新建 Alpha 通道

在Photoshop默认状态下是没有Alpha通道和专色通道的，要得到这两种通道需要手动操作，下面介绍新建这两种通道的方法。

如果要新建Alpha通道，可以在"通道"

面板下面单击"创建新通道"按钮，如图10-19和图10-20所示。当图像中存在选区时，单击"将选区存储为通道"按钮图标，即可创建包含选区内容的Alpha通道。

图 10-19

图 10-20

10.1.5 新建专色通道

如果要新建专色通道，可以在"通道"面板的菜单中选择"新建专色通道"命令，如图10-21和图10-22所示。

图 10-21　　图 10-22

10.1.6 快速选择通道

在"通道"面板中，可以选择某个通道进行单独操作，也可以隐藏/显示、删除、拷贝、合并已有的通道，或对其位置进行调换等操作。

"通道"面板中每个的通道后面有对应的快捷键，形式为Ctrl+数字。例如，在图10-23中，红通道后面有"Ctrl+3"，这就表示按快捷键Ctrl+3可以单独选择红通道，如图10-24所示。同理，按快捷键Ctrl+4可以单独选择绿通道，按快捷键Ctrl+5可以单独选择蓝通道。

图 10-23

图 10-24

10.1.7 复制与删除通道

如果要拷贝通道，可以采用以下3种方法（注意，不能拷贝复合通道）。

第1种： 在面板菜单中选择"复制通道"命令，即可将当前通道拷贝，如图10-25和图10-26所示。

图 10-25　　图 10-26

第2种： 在通道上单击鼠标右键，然后在弹出的菜单中选择"复制通道"命令，如图10-27所示。

图 10-27

第3种： 直接将通道拖曳到"创建新通道"按钮上，如图10-28所示。

图 10-28

10.2　通道的高级操作

在"通道"面板中，还可以应用一些复杂的操作，从而得到更加特殊的图像效果。

10.2.1 课堂案例：给风景照替换天空

实例位置	实例文件 >CH10> 给风景照替换天空 .psd
素材位置	素材文件 >CH10> 素材 02.jpg、素材 03.jpg
视频位置	多媒体教学 >CH10> 给风景照替换天空 .mp4
技术掌握	用通道抠图的方法

本案例主要学习利用通道抠图的方法，给风景照换一个天空，最终效果如图10-29所示。

图10-29

01 打开"素材文件 >CH10> 素材 02.jpg"文件，如图10-30所示。

图10-30

02 打开"素材 03.jpg"文件，如图10-31所示，然后切换到"通道"面板，分别选择红、绿和蓝通道，观察天空与树木的黑白对比度，蓝通道的对比度最大，所以在蓝通道上单击鼠标右键，选择"复制通道"命令，将蓝通道复制一个，得到"蓝拷贝"通道，如图10-32所示。

图10-31

图10-32

03 按快捷键 Ctrl+L 打开"色阶"对话框，如图10-33所示，调整直方图下方的暗部与亮部滑块，提高图像的黑白对比度，提高程度以不影响图像细节，又让图像与背景黑白分明为最佳，单击"确定"按钮，如图10-34所示。

04 按住 Ctrl 键，然后单击"蓝拷贝"通道缩览图，

如图10-35所示，载入白色的背景部分选区。

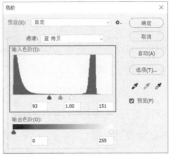

图10-33

图10-34   图10-35

05 单击 RGB 通道，恢复它的可见性，可以看到图像窗口中天空的选区已经创建完成，如图10-36所示。

图10-36

06 按快捷键 Shift+Ctrl+I 反选选区，如图10-37所示，得到树木和草地的选区。

07 按快捷键 Ctrl+J 将选区内的树木和杂草复制一层，得到图层1，如图10-38所示。

图10-37   图10-38

08 在图层面板中隐藏背景图层，即可看到树木和草地已经被抠出，如图10-39所示。

09 选择"移动工具"，将复制的图层1直接拖曳到"素材 02.jpg"中，如图10-40所示。

图 10-39

图 10-40

10 按快捷键 Ctrl
+T，调整图层 1
的大小及位置，
如图10-41所示。

图 10-41

10.2.2 用通道调色

用通道调色是一种高级调色技术，可以对一张图像的单个通道应用各种调色命令，从而达到调整图像中单种色调的目的。下面用"曲线"调整图层 1 来说明如何用通道进行调色。

原图如图10-42所示，下面用它来说明用通道调色的方法。

图 10-42

按快捷键Ctrl+M打开"曲线"对话框，单独选择红通道，将曲线向上拉，增加图像中的红色，如图10-43所示；将曲线向下拉，减少图像中的红色，如图10-44所示。

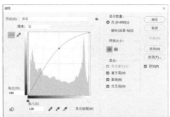

图 10-43

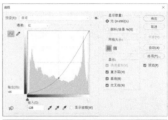

图 10-44

单独选择绿通道，将曲线向上拉，增加图像中的绿色，如图10-45所示；将曲线向下拉，减少图像中的绿色，如图10-46所示。

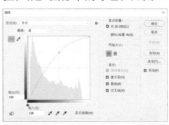

图 10-45

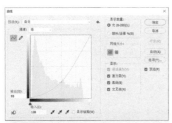

图 10-46

单独选择蓝通道，将曲线向上拉，增加图像中的蓝色，如图10-47所示；将曲线向下拉，减少图像中的蓝色，如图10-48所示。

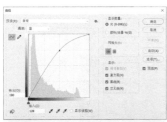

图 10-47

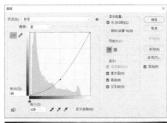

图 10-48

10.2.3 用通道抠图

使用通道抠取图像是一种非常主流的抠图方法，常用于抠选毛发、云朵、烟雾及半透明的婚纱等。用通道抠图主要是利用图像的色相差别或明度差别来创建选区，在操作过程中可以多次重复使用"亮度/对比度""曲线"和"色阶"等调整命令，以及画笔工具、加深工具和减淡工具等工具对通道进行调整，以得到最精确的选区，图10-49和图10-50分别是将头发比较杂乱的人像抠选出来并更换背景前后的效果。

图 10-49

图 10-50

10.3 课后习题

本节安排了两个课后习题供读者练习。通过练习，读者可以学会利用通道制作特殊的图像效果，以及利用通道抠取复杂图像等。

10.3.1 课后习题：制作故障艺术效果

实例位置	实例文件 >CH10> 制作故障艺术效果 .psd
素材位置	素材文件 >CH10> 素材 04.jpg
视频位置	多媒体教学 >CH10> 制作故障艺术效果 .mp4
技术掌握	通道的使用方法

本习题主要练习通道的使用，最终效果如图10-51所示。

图 10-51

01 打开素材并拷贝图层（得到图层 1），设置"图层样式"，"通道"只保留红通道，如图 10-52 所示。

02 拷贝图层（得到图层 1 拷贝），设置"图层样式"，"通道"只保留绿通道和蓝通道，如图 10-53 所示。

图 10-52   图 10-53

03 将图层 1 的图像向左移动，如图 10-54 所示。

04 将图层 1 拷贝的图像向右移动，如图 10-55 所示。

图 10-54

图 10-55

05 添加"风"滤镜特效，如图 10-56 所示。

图 10-56

10.3.2 课后习题：使用通道抠取复杂图像

实例位置	实例文件 >CH10> 使用通道抠取复杂图像 .psd
素材位置	素材文件 >CH10> 素材 05.jpg、素材 06.jpg
视频位置	多媒体教学 >CH10> 使用通道抠取复杂图像 .mp4
技术掌握	通道的使用方法

本习题主要练习利用通道抠图的方法来抠取复杂图像，最终效果如图10-57所示。

图 10-57

01 打开两个素材，选中树木和飞鸟图像素材，切换到"通道"面板，将"蓝"通道复制一个，如图10-58所示。

图 10-58

02 调整色阶，提高图像的黑白对比度，但不影响图像细节，如图 10-59 所示。

图 10-59

03 载入树木和飞鸟的选区，如图 10-60 所示。

图 10-60

04 恢复图像窗口中树木和飞鸟的选区，如图 10-61 所示。

图 10-61

05 将树木和飞鸟拖曳到背景 "素材 05.jpg" 文件中，并调整大小和位置，如图 10-62 和图 10-63 所示。

图 10-62

图 10-63

第 11 章

滤镜

本章导读

　　Photoshop 滤镜是一种插件模块，使用滤镜可以改变图像像素的位置和颜色，从而产生各种特殊的图像效果。

本章学习要点

滤镜的使用原则与相关技巧

智能滤镜的用法

液化滤镜的用法

Photoshop

11.1 认识滤镜与滤镜库

滤镜是Photoshop最重要的功能之一，用于点缀和艺术化图像画面，为图像添加各种特殊效果。滤镜的功能非常强大，不仅可以调整照片，而且可以创作出绚丽无比的创意图像。

> 💡 小提示
>
> 使用滤镜时，只需要从滤镜菜单中选择需要的滤镜，然后适当调节参数即可。在通常情况下，滤镜通需要配合通道和图层等一起使用，才能获得最佳艺术效果。

Photoshop提供了很多滤镜，这些滤镜都放在"滤镜"菜单中，同时，Photoshop还支持第三方开发商提供的增效工具，安装后这些增效工具滤镜会出现在"滤镜"菜单底部，其使用方法与Photoshop自带滤镜相同。

11.1.1 课堂案例：将普通照片制作成油画效果

实例位置	实例文件 >CH11> 将普通照片制作成油画效果 .psd
素材位置	素材文件 >CH11> 素材 01.jpg
视频位置	多媒体教学 >CH11> 将普通照片制作成油画效果 .mp4
技术掌握	用油画滤镜制作油画效果

本案例主要学习利用油画滤镜制作油画效果的方法，最终效果如图11-1所示。

图11-1

🔟 打开"素材文件 >CH11> 素材 01.jpg"文件，如图 11-2 所示。

🔢 为了增强边缘线条感，执行"滤镜 > 滤镜库"命令，打开对话框，如图 11-3 所示，选择"海报边缘"滤镜，将"海报化"设置为6，单击"确定"按钮，效果如图 11-4 所示。

图11-2

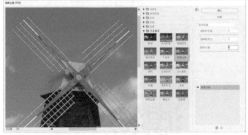

图11-3

图11-4

🔢 执行"滤镜 > 风格化 > 油画"命令，打开对话框，如图 11-5 所示，设置"描边样式""描边清洁度""缩放""硬毛刷细节"及"闪亮"参数，单击"确定"按钮，效果如图 11-6 所示。

图11-5

图11-6

11.1.2 Photoshop 中的滤镜

Photoshop中的滤镜有100余种,其中"镜头校正""消失点"等滤镜属于特殊滤镜,带子菜单的属于滤镜组,如图11-7所示,如果安装了外挂滤镜,在底部会显示出来。

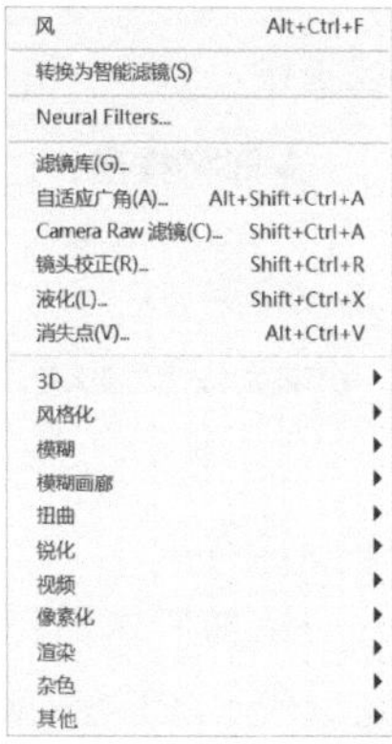

图 11-7

从功能上可以将滤镜分为三大类,分别是修改类滤镜、创造类滤镜和复合类滤镜。修改类滤镜主要用于调整图像的外观,例如"扭曲"滤镜、"像素化"滤镜等;创造类滤镜可以脱离原始图像进行操作,例如"云彩"滤镜;复合类滤镜与前两种差别较大,它包含自己独特的工具,例如"液化"滤镜等。

💡 小提示

为图像添加滤镜的方法很简单。例如,要为图11-8添加一个"便条纸"滤镜,可以执行"滤镜 > 滤镜库"菜单命令,打开"滤镜库"对话框,然后在"素描"滤镜组下选择"便条纸",适当调节参数,如图11-9所示。

图 11-8

图 11-9

11.1.3 Neural Filters 滤镜

Neural Filters是 Photoshop 的一个新工作区,它包含一个滤镜库。拖曳滑块就可以在几秒内为场景着色、放大图像的某些部分,或更改人物的情绪、面部年龄、眼神、姿势,可大幅减少难以实现的工作流程。

如图11-10所示的黑白图像,要求利用Neural Filters滤镜为图片着色。执行"滤镜 >Neural Filters"命令,打开对话框,如图11-11所示,选择"着色"滤镜,单击"确定"按钮,效果如图11-12所示。

图 11-10    图 11-12

图 11-11

1. 激活滤镜

通过3个简单步骤即可开始使用Neural Filters滤镜。

01 执行"滤镜 >Neural Filters"命令,打开对话框,如图 11-13 所示。

图 11-13

02 从云端下载所需的滤镜。在初次使用滤镜时，滤镜旁边显示云图标表示需要从云端下载，如图 11-14 所示。如果需要使用该滤镜，只需单击云图标即可下载。

03 单击滤镜的开关按钮，启用该滤镜，并使用右侧面板中的选项创建所需的效果，如图 11-15 所示。

图 11-14   图 11-15

2.Neural Filters 滤镜类别

Neural Filters滤镜有 3 个类别，如图 11-16所示。

图 11-16

● **精选滤镜**：这些是已经发布的滤镜，功能齐全且准确，输出结果非常完美。

● **测试版滤镜**：这些滤镜虽然已经发布，但是功能还有一些欠缺。滤镜效果仍在改进中。

● **即将推出**：这些滤镜尚未推出。

> 💡 小提示
>
> 如果图像中未检测到人脸，则与肖像相关的滤镜将呈现灰色状态。

3. 输出选项

添加所需滤镜之后，可以通过以下方式输出，如图11-17所示。

图 11-17

● **当前图层**：用于生成像素以修改当前图层的破坏性操作。

● **复制图层**：复制当前图层并将新滤镜应用于新图层。

● **复制添加蒙版的图层**：创建一个新图层，并将滤镜作为新图层中的蒙版应用。

● **新建图层**：仅使用新生成的像素生成新图层。

● **智能滤镜**：系统会生成新像素并将其应用为智能滤镜。

11.1.4 滤镜库

滤镜库是一个集合了大部分常用滤镜的对话框，如图11-18所示。在滤镜库中，可以对一张图像应用一个或多个滤镜，或对同一图像多次应用同一个滤镜，另外还可以使用其他滤镜替换原有的滤镜。

图 11-18

滤镜库对话框选项介绍

●**效果预览窗口**：用来预览应用滤镜后的效果。

●**当前使用的滤镜**：处于灰底状态的滤镜为正在使用的滤镜。

●**缩放预览窗口**：单击□按钮，可以缩小预览窗口的显示比例；单击□按钮，可以放大预览窗口的显示比例。另外，还可以在缩放列表中选择预设的缩放比例。

●**显示/隐藏滤镜**：单击□按钮，可以隐藏中间的滤镜命令，以增大预览窗口。单击□按钮，可以显示滤镜命令。

●**参数设置面板**：单击滤镜组中的一个滤镜，可以将该滤镜应用于图像中，同时在参数设置面板中会显示该滤镜的参数选项。

●**新建效果图层**□：单击该按钮，可以新建一个效果图层，在该图层中可以应用一个滤镜。

●**删除效果图层**□：选择一个效果图层以后，单击该按钮可以将其删除。

> 💡 **小提示**
>
> 滤镜库中只包含一部分滤镜，例如"模糊"滤镜组和"锐化"滤镜组就不在滤镜库中。

11.1.5 滤镜的使用原则与技巧

在使用滤镜时，掌握了其使用原则和使用技巧，可以大大提高工作效率。下面是滤镜的11点使用原则与使用技巧。

第1点：使用滤镜处理图层中的图像时，该图层必须是可见图层。

第2点：如果图像中存在选区，则滤镜效果只应用在选区之内，如图11-19所示（左边存在一个选区）；如果没有选区，则滤镜效果将应用于整个图像中，如图11-20所示。

图 11-19

图 11-20

第3点：滤镜效果以像素为单位计算。因此，在用相同参数值处理不同分辨率的图像时，其效果也不一样。

第4点：只有"云彩"滤镜可以应用在没有像素的区域，其余滤镜都必须应用在包含像素的区域（某些外挂滤镜除外）。

第5点：滤镜可以用来处理图层蒙版、快速蒙版和通道。

第6点：在CMYK颜色模式下，某些滤镜不可用；在索引和位图颜色模式下，所有的滤镜都不可用。如果要对CMYK图像、索引图像和位图应用滤镜，可以执行"图像>模式>RGB颜色"菜单命令，将图像模式转换为RGB颜色模式后，再应用滤镜。

第7点： 当应用完一个滤镜以后，"滤镜"菜单的第一行会出现该滤镜的名称，如图11-21所示。执行该命令（快捷键为Alt+Ctrl+F），可以按照上一次应用该滤镜时的参数设置再次对图像应用该滤镜。

图 11-21

第8点： 在任何一个滤镜对话框中按住Alt键，"取消"按钮 取消 都将变成"复位"按钮 复位 ，如图11-22所示。单击"复位"按钮 复位 ，可以将滤镜参数恢复到默认设置。

图 11-22

第9点： 滤镜的顺序对滤镜的总体效果有明显的影响。

第10点： 在应用滤镜的过程中，如果要终止处理，可以按Esc键。

第11点： 在应用滤镜时，通常会弹出该滤镜的对话框或滤镜库，在预览窗口中可以预览滤镜效果，同时可以拖曳图像，以观察其他区域的效果，如图11-23所示。单击 ⊟ 按钮和 ⊞ 按钮可以缩放图像的显示比例。另外，在图像的某个点上单击，预览窗口中就会显示出该区域的效果。

图 11-23

11.1.6 如何提高滤镜性能

在应用某些滤镜时，会占用大量的内存，特别是处理高分辨率的图像时，Photoshop的处理速度会更慢。遇到这种情况时，可以尝试使用以下3种方法来提高处理速度。

第1种： 关掉多余的应用程序。

第2种： 在应用滤镜之前先执行"编辑>清理"菜单中的命令，释放出部分内存。

第3种： 将计算机内存多分配给Photoshop一些。执行"编辑>首选项>性能"菜单命令，打开"首选项"对话框，然后在"内存使用情况"选项组下将Photoshop的内存使用量设置得高一些，如图11-24所示。

图 11-24

11.1.7 智能滤镜

应用于智能对象的任何滤镜都是智能滤镜，智能滤镜属于"非破坏性滤镜"。由于智能滤镜的参数是可以调整的，因此可以调整智能滤镜的作用范围，或对其进行移除、隐藏等操作。

打开如图11-25所示的包含两个图层的图像素材。要使用智能滤镜，首先需要将普通图层转换为智能对象。在"影子"图层缩览图上单击鼠标右键，在弹出的菜单中选择"转换为智能对象"命令，即可将图层转换为智能对象，如图11-26所示。

图11-28　　　　图11-29

图11-25

图11-26

在"滤镜>模糊"菜单中选择"高斯模糊"滤镜命令，单击"确定"按钮，对智能对象应用智能滤镜，如图11-27所示。智能滤镜包含一个类似于图层样式的列表，因此可以隐藏、停用和删除滤镜，如图11-28和图11-29所示。

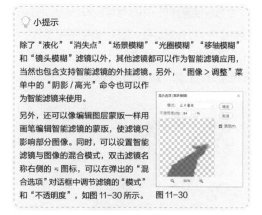

小提示

除了"液化""消失点""场景模糊""光圈模糊""移轴模糊"和"镜头模糊"滤镜以外，其他滤镜都可以作为智能滤镜应用，当然也包含支持智能滤镜的外挂滤镜。另外，"图像>调整"菜单中的"阴影/高光"命令也可以作为智能滤镜来使用。

另外，还可以像编辑图层蒙版一样用画笔编辑智能滤镜的蒙版，使滤镜只影响部分图像。同时，可以设置智能滤镜与图像的混合模式，双击滤镜名称右侧的图标，可以在弹出的"混合选项"对话框中调节滤镜的"模式"和"不透明度"，如图11-30所示。

图11-30

11.2　特殊滤镜的应用

Photoshop中的特殊滤镜位于"滤镜"菜单上方，选择命令后将打开相应的对话框。

11.2.1 课堂案例：使用液化滤镜修出完美身材

实例位置	实例文件>CH11>使用液化滤镜修出完美身材.psd
素材位置	素材文件>CH11>素材02.jpg
视频位置	多媒体教学>CH11>使用液化滤镜修出完美身材.mp4
技术掌握	液化滤镜的使用方法

本案例主要对液化滤镜的使用进行练习，最终效果如图11-31所示。

图11-27

图11-31

189

01 打开"素材文件 >CH11> 素材 02.jpg"文件，如图 11-32 所示。

图 11-32

02 将背景图层拷贝一份，然后执行"滤镜＞液化"菜单命令，打开对话框，选择"向前变形工具"并设置参数，如图 11-33 所示，在图像中涂抹人像素材的胳膊、腿部、后背及腰部。

图 11-33

03 绘制完成后单击"确定"按钮，即可得到如图 11-34 所示的效果。

图 11-34

11.2.2 液化滤镜

"液化"滤镜是修饰图像和创建艺术效果的工具，其使用方法比较简单，但功能却相当强大，可以创建推、拉、旋转、扭曲和收缩等变形效果，并且可以修改图像的任何区域（"液化"滤镜只能应用于8位/通道或16位/通道的图像中）。执行"滤镜>液化"菜单命令，打开对话框，如图11-35所示。

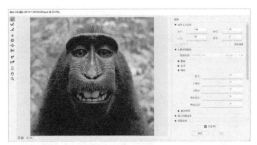

图 11-35

💡 小提示

由于"液化"滤镜支持硬件加速功能，因此如果没有在首选项对话框中勾选"使用图形加速器"选项，Photoshop 会弹出一个"液化"提醒对话框，如图 11-36 所示，提醒用户需要勾选"使用图形加速器"选项，单击"确定"按钮可以继续应用"液化"滤镜。

图 11-36

液化对话框选项介绍

● **向前变形工具** ：使用该工具可以向前推动像素，如图11-37所示。

💡 小提示

选择"液化"对话框中的变形工具，在图像上拖曳即可进行变形操作，变形集中在画笔的中心。

图 11-37

● **重建工具** ：用于恢复变形的图像。在变形区域单击或拖曳进行涂抹时，可以使变形区域的图像恢复到原来的效果，如图11-38所示。

图 11-38

● **顺时针旋转扭曲工具** ：可以使像素顺时针旋转扭曲，使图像产生旋转效果，如图11-39所示。

图 11-39

● **褶皱工具** 🔅：可以使像素向画笔区域的中心移动，使图像产生内缩效果，如图11-40所示。

● **膨胀工具** ◇：可以使像素向画笔区域中心以外移动，使图像产生向外膨胀的效果，如图11-41所示。

图 11-40　　　　　　　图 11-41

● **左推工具** ✻：当向下拖曳时，像素向右移动，如图11-42所示；当向上拖曳时，像素向左移动，如图11-43所示；按住Alt键并向上拖曳时，像素向右移动；按住Alt键并向下拖曳时，像素向左移动。

图 11-42　　　　　　　图 11-43

● **抓手工具** ✋/**缩放工具** 🔍：这两个工具的使用方法与工具箱中的相应工具完全相同。

● **画笔工具选项**：该选项组下的参数主要用来设置当前使用的工具的各种属性。

大小：用来设置扭曲图像的画笔的大小。

压力：控制画笔在图像上产生扭曲的速度。

光笔压力：当计算机配有压感笔或数位板时，勾选该选项可以通过压感笔的压力来控制工具。

● **画笔重建选项**：该选项组下的参数主要用来设置重建方式。

恢复全部 [恢复全部(A)]：单击该按钮，可以取消所有的变形效果。

11.2.3 消失点滤镜

消失点滤镜可以在有透视平面的图像中指定平面，然后对其执行绘画、仿制、拷贝或粘贴等操作，即可实现一些特殊效果。

如图11-44所示，要求给盒子添加一个包装图案。操作时，打开如图11-45所示的素材，按快捷键Ctrl+A全选，按快捷键Ctrl+C复制，然后回到盒子素材中。执行"图层>新建>图层"命令，新建一个空白图层，如图11-46所示，执行"滤镜>消失点"命令，打开"消失点"对话框，如图11-47所示。

图 11-44

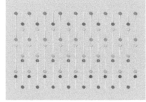

图 11-45　　　　　　　图 11-46

图 11-47

在盒子四周单击，创建一个平面，如图11-48所示。如果有不准确的地方，可以按住四角拖曳修改，然后按住Ctrl键，从控制点处拖曳，如图11-49所示，创建的平面如图11-50所示。

图 11-48

图 11-49

图 11-50

按快捷键Ctrl+V将素材粘贴进来，如图

11-51所示，将素材拖曳到创建的平面中，如图11-52所示，单击"确定"按钮，效果如图11-53所示。

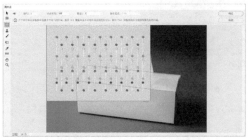

图 11-51

图 11-52

图 11-53

在图层面板中将图层1的混合模式修改为"正片叠底"，如图11-54所示，然后给图层1添加蒙版，用"画笔工具"对其进行修饰（提手和素材四周），如图11-55所示。

图 11-54

图 11-55

11.2.4 Camera Raw 滤镜

Camera Raw滤镜是一个非常重要的修图工具，它的功能基本等同于Lightroom，可以对图像的色温、色调、曝光、对比度、清晰度、饱和度、曲线及镜头等一系列参数进行调整。图11-56为Camera Raw滤镜的对话框。

图 11-56

如图11-57所示，要求利用Camera Raw滤镜，对它的光影进行校正。操作时，在菜单栏中执行"滤镜>Camera Raw滤镜"命令，打开对话框，如图11-58所示。设置曲线参数，如图11-59所示，单击"确定"按钮，效果如图11-60所示。

图 11-57

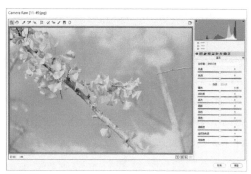

图 11-58

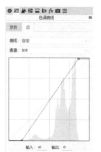

图 11-59

图 11-60

11.2.5 镜头光晕滤镜

镜头光晕滤镜可以模拟亮光照射到相机镜头上所产生的折射，常用来表现玻璃或者金属反射的反射光。图11-61为镜头光晕滤镜的对话框。

图 11-61

如图11-62所示，要求利用镜头光晕滤镜，给它添加一个光晕效果。操作时，执行"滤镜>转换为智能滤镜"命令，将图像转换成智能对象，如图11-63所示。然后执行"滤镜>渲染>镜头光晕"命令，打开对话框，设置参数，如图11-64所示，单击"确定"按钮，效果如图11-65所示。

图11-62　　　　　　　　图11-63

图11-64

图11-65

💡 小提示

将素材转换成智能对象后，可以随时在原有滤镜的基础上进行修改。

11.2.6　极坐标滤镜

图11-66为极坐标滤镜的对话框。在该对话框中，选择"平面坐标到极坐标"，原素材顶部会下凹，而底边和两侧边会上翻；选择"极

坐标到平面坐标"，原素材图像底边会上凸，顶边和两侧边会下翻。

图11-66

如图11-67所示，要求利用极坐标滤镜将它处理成一个封闭环境。操作时，执行"图像>图像大小"，打开对话框，如图11-68所示，单击"不约束长宽比"图标，将宽度和高度设置成如图11-69所示的数值，效果如图11-70所示。

图11-67　　　　　　　　图11-70

图11-68

图11-69

执行"滤镜>扭曲>极坐标"命令，打开对话框，如图11-71所示，选择"平面坐标到极坐标"，效果如图11-72所示。

图 11-71

图 11-72

按快捷键Ctrl+J将图像复制一层，如图11-73所示，执行"编辑>自由变换"命令，将复制的图层1调整到如图11-74所示的位置，然后给图层1添加蒙版，用"画笔工具"对图像交界处进行修饰，如图11-75所示。

图 11-73

图 11-74

图 11-75

11.3 课后习题

本章着重讲解了常用滤镜的使用方法，下面通过两个习题进行巩固练习。

11.3.1 课后习题：用镜头光晕滤镜制作唯美的逆光人像

实例位置	实例文件 >CH11> 用镜头光晕滤镜制作唯美的逆光人像 .psd
素材位置	素材文件 >CH11> 素材 03.jpg
视频位置	多媒体教学 >CH11> 用镜头光晕滤镜制作唯美的逆光人像 .mp4
技术掌握	镜头光晕滤镜的使用方法

本习题主要对镜头光晕滤镜的使用进行练习，最终效果如图11-76所示。

图 11-76

01 打开素材，调整图像的灰度和亮度，如图 11-77 所示。

图 11-77

02 调整曲线和 RGB 通道，减少图像中的绿色和蓝色（即增加互补色），将素材偏冷的色调调整成偏暖的色调，如图 11-78 所示。

图 11-78

03 添加"镜头光晕"滤镜,制作逆光人像效果,如图 11-79 所示。

图 11-79

11.3.2 课后习题:用 Camera Raw 滤镜对偏色风景照进行调色

实例位置	实例文件 >CH11> 用 Camera Raw 滤镜对偏色风景照进行调色 .psd
素材位置	素材文件 >CH11> 素材 04.jpg
视频位置	多媒体教学 >CH11> 用 Camera Raw 滤镜对偏色风景照进行调色 .mp4
技术掌握	Camera Raw 滤镜的使用方法

本习题主要对Camera Raw滤镜的使用进行练习,最终效果如图11-80所示。

图 11-80

01 打开素材,在 Camera Raw 滤镜的对话框中调整图像的亮度和饱和度,如图 11-81 所示。

图 11-81

02 提高图片整体亮度,如图 11-82 所示。

图 11-82

03 调整颜色,让土地带上红色,将天空调为浓郁的蓝色,如图 11-83 所示。

图 11-83

第 12 章

综合实例

本章导读

    学习了前面的章节之后，读者掌握了 Photoshop 的核心功能和技术，本章将综合运用前面所学的知识，进行平面设计的实战练习。

本章学习要点

海报版面素材排列

灵活处理文字和图片

图像材质和体积感的表现

灵活布置网店首页版面

12.1　招商海报制作

实例位置	实例文件 >CH12> 招商海报制作 .psd
素材位置	素材文件 >CH12> 素材 01.jpg、素材 02.png、素材 03.png、黄金字体 .asl
视频位置	多媒体教学 >CH12> 招商海报制作 .mp4
技术掌握	招商海报的制作方法

本实例主要学习制作招商海报的方法，最终效果如图12-1所示。

图 12-1

01 打开"素材文件 >CH12> 素材 01.jpg"文件，如图 12-2 所示。

02 打开"素材 02.png"文件，如图 12-3 所示。

图 12-3　　　　图 12-2

03 将"素材 02.png"导入"素材 01.jpg"中，然后执行"编辑 > 变换 > 缩放"命令，调整城市的大小和位置，如图 12-4 所示。

04 打开"素材 03.png"文件，如图 12-5 所示。

05 将"素材 03.png"导入到"素材 01.jpg"中，然后执行"编辑 > 变换 > 缩放"命令，调整"盛大招商"毛笔字的大小和位置，如图 12-6 所示。

图 12-5

图 12-4　　　　图 12-6

06 执行"窗口 > 样式"命令打开面板，如图 12-7 所示，单击"样式"面板右上角的 ≡ 图标，在弹出的快捷菜单中选择"导入样式"，载入"素材文件 >CH12> 黄金字体 .asl"文件，如图 12-8 所示。

图 12-7　　　　图 12-8

07 单击黄金字体样式图标，效果如图 12-9 所示。

图 12-9

08 选择"直排文字工具"，设置文字大小为 30 点，字体为方正粗黑宋简体，颜色为黄色（R:255，G:231，B:57），然后输入"黄金旺铺 火热招商"文字，如图 12-10 所示。

图 12-10

09 选择"横排文字工具"，设置文字大小为 30 点，字体为方正粗黑宋简体，颜色为黄色（R:255，G:231,B:57），然后输入"[机不可失 时不再来]"文字，如图 12-11 所示。

图 12-11

10 在如图 12-12 所示的位置输入文本"隆重招商 礼献全城"。

11 使用同样的方式输入文字，如图 12-13 所示。

图 12-12

图 12-13

12 设置好需要的字体后，在图像下方输入所需文本，如图 12-14 所示。

图 12-14

13 设置文字大小为 30 点，字体为 Adobe 宋体 Std，颜色为黄色（R:255，G:231，B:57），然后输入文本"the chance may never come again"，如图 12-15 所示。

图 12-15

14 设置文字大小为 20 点，字体为方正粗黑宋简体，颜色为白色（R:255，G:255，B:255），然后输入文字，如图 12-16 所示。

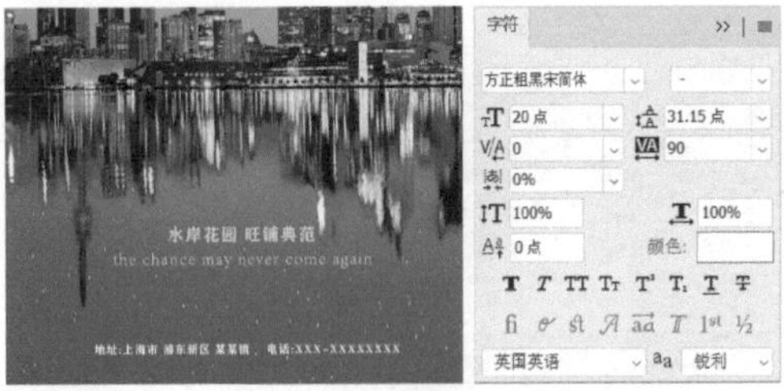

图12-16

[15] 在图像右上角输入
"logo"，完成招商海
报的制作，如图12-17
所示。

图12-17

12.2 UI 中基本元素的设计

12.2.1 通知栏图标设计

实例位置	实例文件 >CH12> 通知栏图标设计 .psd
素材位置	素材文件 >CH12> 素材 04.jpg
视频位置	多媒体教学 >CH12> 通知栏图标设计 .mp4
技术掌握	矢量工具的用法

本实例主要学习通知栏图标制作的方法，通知栏的图标包括信号、电量和无线等图标，创建这些图标时会使用"钢笔工具""椭圆工具""矩形工具""圆角矩形工具"等矢量工具，本实例最终效果如图12-18所示。

图12-18

[01] 打开"素材文件 >CH12> 素材 04.jpg" 文件，如图12-19所示。

图12-19

[02] 执行"视图 > 新建参考线版面"命令，创建参考线，如图12-20所示。

图12-20

[03] 执行"图层 > 新建 > 图层"命令新建一个空白图层，然后选择"直线工具"，如图12-21所示，在属性栏中设置"模式"为"像素"，设置颜色为灰色（R:174，G:174，B:174），按住鼠标左键拖曳创建直线，如图12-22所示。

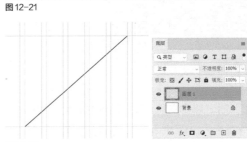

图12-21

图12-22

[04] 选择"钢笔工具"，如图12-23所示，在属性栏中设置"模式"为"形状"，填充颜色为黑色（R:0，G:0，B:0），创建直角三角形，如图12-24所示。

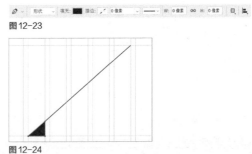

图12-23

图12-24

05 如图 12-25 所示，在钢笔工具的属性栏中将路径操作方式修改为"合并形状"，然后在图像窗口中创建信号形状，如图 12-26 所示。

图 12-25

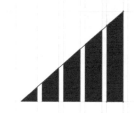
图 12-26

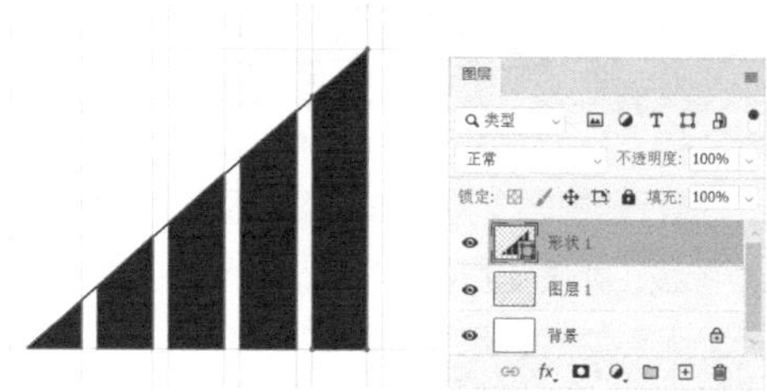

06 在图层面板中删除被直线工具操作过的"图层 1"，如图 12-27 所示。

图 12-27

根据以上方法，在后期就可以轻松设计出通知栏所需图标，图 12-28 为信号图标的简单应用。

图 12-28

12.2.2 登录 / 注册按钮设计

实例位置	实例文件 >CH12> 登录 / 注册按钮设计 .psd
素材位置	素材文件 >CH12> 素材 05.jpg
视频位置	多媒体教学 >CH12> 登录 / 注册按钮设计 .mp4
技术掌握	"圆角矩形工具"和"矩形工具"的使用方法

本实例主要学习使用"圆角矩形工具"和"矩形工具"制作按钮的方法，最终制作的各种按钮效果如图 12-29 所示。

图 12-29

01 打开"素材文件 >CH12> 素材 05.jpg"文件，如图 12-30 所示。

图 12-30

02 执行"视图 > 新建参考线版面"命令，创建参考线，如图 12-31 所示。

图 12-31

03 选择"圆角矩形工具"，如图 12-32 所示，在属性栏中设置"模式"为"形状"，填充颜色为蓝色（R:51，G:136，B:255）。在图像窗口按住鼠标左键拖曳，创建宽高为 642 像素 ×113 像素，圆角半径为 20 像素的圆角矩形，如图 12-33 所示。

图 12-32

图 12-33

04 选择"横排文字工具",输入"登录"文字,如图 12-34 所示,得到一个简单的纯色背景按钮。

05 使用"矩形工具"创建按钮,如图 12-35 所示。

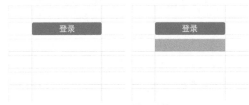

图 12-34　　　　　图 12-35

06 分别使用渐变色填充和只选择描边,创建两个按钮,效果如图 12-36 所示。

　　根据以上方法,在后期就可以轻松设计出所需按钮,图12-37为按钮图标的简单应用。

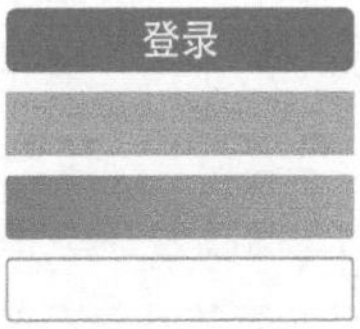

图 12-36　　　　　图 12-37

12.2.3 进度条设计

实例位置	实例文件 >CH12> 进度条设计 .psd
素材位置	素材文件 >CH12> 素材 06.jpg
视频位置	多媒体教学 >CH12> 进度条设计 .mp4
技术掌握	"圆角矩形工具"和"椭圆工具"的使用

　　本实例主要学习进度条的设计,最终制作的各种进度条效果如图12-38所示。

图 12-38

01 打开"素材文件 >CH12> 素材 06.jpg"文件,如图 12-39 所示。

图 12-39

02 执行"视图 > 新建参考线版面"命令,创建参考线,如图 12-40 所示。

图 12-40

03 选择"圆角矩形工具",如图 12-41 所示,在属性栏中设置"模式"为"形状",填充颜色为白色(R:255,G:255,B:255),在图像窗口中按住鼠标左键拖曳,创建尺寸为 1 600像素 ×20 像素,圆角半径为 10 像素的圆角矩形,如图 12-42 所示。

图 12-41

图 12-42

04 执行"图层 > 新建 > 通过拷贝的图层"命令,将形状图层复制一层,在属性面板中修改填充颜色为蓝色(R:0,G:206,B:255),圆角矩形尺寸为300像素 ×20像素,如图12-43所示,效果如图 12-44 所示。

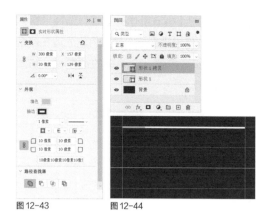

图 12-43　　　　图 12-44

05 选择"椭圆工具",如图 12-45 所示,在属性栏中设置"模式"为"形状",填充颜色为蓝色(R:0,G:206,B:255),路径操作方式为"合并形状",然后在图像窗口中创建圆形,如图 12-46 所示。

06 按快捷键 Ctrl+H 取消参考线,即可得到如图 12-47 所示的效果。

图 12-45

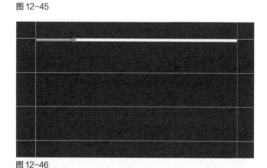

图 12-46

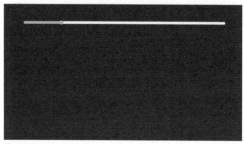

图 12-47

07 使用相同的方法,创建其他进度条效果,如图 12-48 所示。

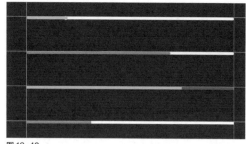

图 12-48

根据以上方法,在后期就可以轻松设计出所需进度条,图12-49为进度条的简单应用。

图 12-49

12.2.4　搜索栏设计

实例位置	实例文件 >CH12> 搜索栏设计 .psd
素材位置	素材文件 >CH12> 素材 07.jpg
视频位置	多媒体教学 >CH12> 搜索栏设计 .mp4
技术掌握	"圆角矩形工具"和"钢笔工具"的使用

本实例主要学习搜索栏的制作,最终制作的各种搜索栏如图12-50所示。

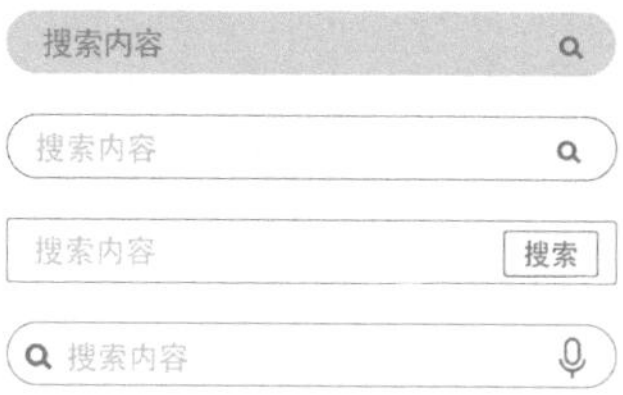

图 12-50

01 打开"素材文件 >CH12> 素材 07.jpg"文件,执行"视图 > 新建参考线版面"命令,创建参考线,如图 12-51 所示。

图12-51

02 选择"圆角矩形工具",如图12-52所示,在属性栏中设置"模式"为"形状",填充颜色为灰色(R:209,G:209,B:209)。在图像窗口中按住鼠标左键拖曳,创建尺寸为900像素×90像素,圆角半径为45像素的圆角矩形,如图12-53所示。

图12-52

图12-53

03 选择"横排文字工具",如图12-54所示,设置字体为黑体,字号为11点,颜色为灰色(R:132,G:132,B:132),然后在搜索框左侧输入"搜索内容"文字,如图12-55所示。

图12-54

图12-55

04 根据12.2.1小节所学的知识,选择"钢笔工具",创建搜索图标,然后将它放置在搜索框右侧,即可得到一个简单的搜索栏,如图12-56所示。

图12-56

05 使用相同的方法,创建其他搜索栏,如图12-57所示。

图12-57

根据以上方法,在后期就可以轻松设计出所需搜索栏,图12-58为搜索栏的简单应用。

图12-58

12.3 电商直通车设计

实例位置	实例文件 >CH12> 电商直通车设计 .psd
素材位置	素材文件 >CH12> 素材 08.jpg、素材 09.png
视频位置	多媒体教学 >CH12> 电商直通车设计 .mp4
技术掌握	电商主图	直通车的制作方法

本实例主要学习利用文字工具和矢量工具制作电商主图的方法，电商主图一般由背景、文案和商品3部分构成，本实例最终效果如图12-59所示。

图12-59

01 打开"素材文件 >CH12> 素材 08.jpg"文件，如图 12-60 所示。

图12-60

02 选择"横排文字工具"，如图 12-61 所示，设置字体为 Adobe 黑体 Std，字号为 30 点，颜色为咖啡色（R:142，G:106，B:81），然后输入文字"新款上市"，如图12-62所示，在图层面板中会生成"新款上市"文字图层。

图12-61

图12-62

03 选择"横排文字工具"，设置字体为方正小标宋简体，字号为100点，颜色为咖啡色（R:142，G:106，B:81），然后输入文字"新品连体 特价秒杀"，如图 12-63 所示。

图12-63

04 选择"矩形工具"，如图 12-64 所示，在属性栏中设置"模式"为"形状"，填充颜色为咖啡色（R:142，G:106，B:81），在图像窗口中按住鼠标左键拖曳，创建尺寸为 455 像素 ×65 像素的矩形，如图 12-65 所示。

图12-64

图12-65

05 选择"横排文字工具"，设置字体为 Adobe 黑体 Std，字号为 32 点，颜色为白色（R:255，G:255，B:255），输入文字"时尚版型 / 顶级面料 / 一件包邮"，如图 12-66 所示。

图 12-66

06 选择"横排文字工具"，设置字体为方正小标宋简体，字号为 70 点，颜色为咖啡色（R:142，G:106，B:81），然后输入文字"全场让利"，如图 12-67 所示。

07 用同样的操作，输入剩下的文字，如图 12-68 所示。

图 12-67

图 12-68

08 选择"矩形工具"，如图 12-69 所示，在属性栏中设置"模式"为"形状"，填充颜色为红色（R:202，G:14，B:39），在图像窗口中按住鼠标左键拖曳，创建尺寸为 105 像素 ×23 像素的矩形，如图 12-70 所示。

图 12-69

图 12-70

09 设置字体为 Adobe 黑体 Std，字号为 15 点，颜色为白色（R:255，G:255，B:255），然后输入文字"立即查看 >>"，如图 12-71 所示。

图 12-71

10 设置字体为 Adobe 黑体 Std，颜色为红色（R:202,G:14,B:39），然后输入文字"活动价："和"299"，如图 12-72 所示。选择除背景以外的其他所有图层，然后按快捷键 Ctrl+G 进行编组，并将该组重命名为"文案"。

图 12-72

⑪ 打开"素材 09.png"文件，如图 12-73 所示。

⑫ 选择"移动工具"，将"素材 09.png"拖曳到"素材 08.jpg"中，如图 12-74 所示。

图 12-73

图 12-74

⑬ 按快捷键 Ctrl+T，调整素材 09 的大小及位置，如图 12-75 所示。

图 12-75

⑭ 按快捷键 Ctrl+G 对图层 1 进行编组，并将该组重命名为"商品"，如图 12-76 所示。

图 12-76

12.4 电商 Banner 设计

实例位置	实例文件 >CH12> 电商 Banner 设计 .psd
素材位置	素材文件 >CH12> 素材 10.jpg、素材 11.png、素材 12.png、素材 13.png
视频位置	多媒体教学 >CH12> 电商 Banner 设计 .mp4
技术掌握	电商 Banner 的制作方法

本实例主要学习利用文字工具和矢量工具制作电商Banner的方法，电商Banner一般由背景、修饰元素、文案和商品4部分构成，本实例最终效果如图12-77所示。

图 12-77

① 打开"素材文件 >CH12> 素材 10.jpg"文件，如图 12-78 所示。

图 12-78

② 打开"素材 11.png"文件，如图12-79所示，选择"移动工具"，将"素材 11"拖曳到"素材 10"中，然后按快捷键 Ctrl+T，调整素材 11 的大小及位置，如图 12-80 所示。

图 12-79

图 12-80

03 使用相同的操作，打开"素材 12.png"文件，选择"移动工具"，将"素材 12"也拖曳到"素材 10"中，然后调整"素材 12"的大小及位置，如图 12-81 所示。

图 12-81

04 选中两个修饰图层，按快捷键 Ctrl+G 对图层进行编组，并将该组重命名为"修饰元素"，如图 12-82 所示。

图 12-82

05 使用和"12.3 电商直通车设计"中相似的方法，输入如图 12-83 所示的文案。

图 12-83

06 选择所有和文案相关的图层，按快捷键 Ctrl+G 编组，并将该组重命名为"文案"，如图 12-84 所示。

图 12-84

07 打开"素材 13.png"文件，如图 12-85 所示。

图 12-85

08 选择"移动工具"，将"素材 13"直接拖到"素材 10"中，即可得到如图 12-86 所示的效果。

图 12-86

09 按快捷键 Ctrl+T，调整"素材 13"的大小及位置，如图 12-87 所示。

图 12-87

10 按快捷键 Ctrl+G 对图层 1 进行编组，并将该组重命名为"商品"，如图 12-88 所示。

图 12-88

12.5 电商首页设计

实例位置	实例文件 >CH12> 电商首页设计 .psd
素材位置	素材文件 >CH12> 素材 14.jpg~ 素材 37.jpg
视频位置	多媒体教学 >CH12> 电商首页设计 .mp4
技术掌握	电商首页设计方法

　　本实例主要学习利用文字工具、矢量工具及剪贴蒙版等知识制作电商首页的方法，电商首页一般由背景、Banner、优惠券、产品分类和产品展示等构成，本实例最终效果如图 12-89 所示。

01 打开"素材文件 >CH12> 素材 14.jpg"文件，如图 12-90 所示。

图 12-90　　图 12-89

02 根据 12.4 节所学的知识，创建电商 Banner，如图 12-91 所示。

图 12-91

03 创建优惠券。选择"矩形工具"，如图 12-92 所示，在属性栏中设置"模式"为"形状"，填充颜色为深红色（R:186，G:28，B:49），在图像窗口中按住鼠标左键拖曳，创建尺寸为 255 像素 ×297 像素的矩形，并将该图层重命名为"优惠券背景"，如图 12-93 所示。

图 12-92

图 12-93

04 选择"矩形工具"，在属性栏中设置"模式"为"形状"，填充颜色为暗红色（R:165，G:33，B:36），在图像窗口中按住鼠标左键拖曳，创建尺寸为 255 像素 ×54 像素的矩形，如图 12-94 所示，将该图层重命名为"优惠券背景"。

图 12-94

05 选择"横排文字工具"，设置字体为方正小标宋简体，字号为 33 点，颜色为白色（R:255，G:255，B:255），如图 12-95 所示，然后输入文字"立即领取"，图层面板中会生成"立即领取"文字图层，如图 12-96 所示。

图 12-95

图 12-96

06 选择"横排文字工具",设置字体为 Adobe 黑体 Std,字号为 26.84 点,颜色为白色,然后输入文字"满150元使用",如图12-97所示。

图 12-97

07 用同样的操作,输入数字"10",如图 12-98 所示。

08 输入"¥"符号,如图 12-99 所示。

图 12-98　　图 12-99

09 选择除背景图层和 Banner 组以外的所有图层,按快捷键 Ctrl+G 编组,并将该组重命名为"优惠券模板1",如图12-100所示。

图 12-100

10 使用同样的方式,创建其他 3 个优惠券模板,之后将 4 个优惠券模板编组,如图 12-101 所示。

图 12-101

11 创建商品分类板块。选择"矩形工具",如图 12-102 所示,在属性栏中设置"模式"为"形状",填充颜色为褐色(R:117,G:88,B:88),描边颜色为暗红色(R:165,G:33,B:36),描边宽度为1像素。在图像窗口中按住鼠标左键拖曳,创建尺寸为 255 像素 × 326 像素的矩形,并将该图层重命名为"分类背景",如图 12-103 所示。

图 12-102

图 12-103

12 选择"矩形工具",在属性栏中设置"模式"为"形状",填充颜色为深红色(R:186,G:28,B:49),在图像窗口中按住鼠标左键拖曳,创建尺寸为 255 像素 ×91 像素的矩形,并将该图层重命名为"红色背景",如图 12-104 所示。

图 12-104

13 选择"横排文字工具",设置字体为 Adobe 黑体 Std,字号为 27.5 点,颜色为白色,然后输入文字"裙子",如图 12-105 所示。

图 12-105

14 选择"矩形工具",在属性栏中设置"模式"为"形状",填充颜色为白色(R:255,G:255,B:255),在图像窗口中按住鼠标左键拖曳,创建尺寸为 155 像素 ×20 像素的矩形,并将该图层重命名为"查看背景",如图 12-106 所示。

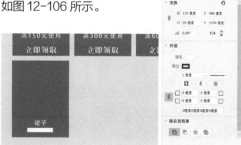

图 12-106

15 选择"横排文字工具",设置字体为 Adobe 黑体 Std,字号为 14.72 点,颜色为深红色(R:186,G:28,B:49),然后输入文字"点击查看 >>",如图 12-107 所示,图层面板中会生成"点击查看 >>"文字图层。

图 12-107

16 选择"分类背景"图层,然后打开"素材 15.jpg"文件,如图 12-108 所示。

图 12-108

17 选择"移动工具",将"素材 15"拖曳到"素材 14"中,并按快捷键 Ctrl+T,调整"素材 15"的大小及位置,如图 12-109 所示。

图 12-109

18 按快捷键 Alt+Ctrl+G 创建剪贴蒙版,效果如图 12-110 所示。

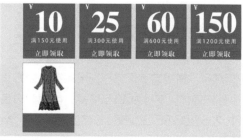

图 12-110

⑲ 选择除背景图层、banner 组及优惠券组以外的所有图层，按快捷键 Ctrl+G 编组，并将该组重命名为"分类模板 1"，如图 12-111 所示。

图 12-111

⑳ 载入"素材 16"~"素材 18"，使用同样的方式，创建其他 3 个分类模板，如图 12-112 所示。

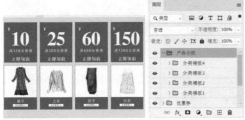

图 12-112

㉑ 创建"产品展示"板块，先创建一个"热卖爆款"的板块。选择"矩形工具"，在属性栏中设置"模式"为"形状"，填充颜色为深红色（R:186，G:28，B:49），如图 12-113 所示。在图像窗口中按住鼠标左键拖曳，创建尺寸为 1 200 像素 ×250 像素的矩形，如图 12-114 所示。

□ ∨　形状　∨　填充: ▇　描边: ✎　1 像素　∨　━━━ ∨

图 12-113

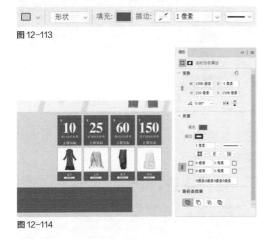

图 12-114

㉒ 选择"横排文字工具"，设置字体为方正小标宋简体，字号为 104.78 点，颜色为白色（R:255，G:255，B:255），然后输入文字"热卖爆款"，如图 12-115 所示。

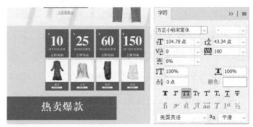

图 12-115

㉓ 选择"横排文字工具"，设置字体为 Adobe 黑体 Std，字号为 36 点，颜色为白色（R:255，G:255，B:255），然后输入文字"HOT SELLING STYLE"，如图 12-116 所示。

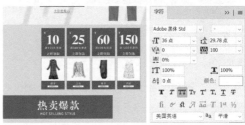

图 12-116

㉔ 选择"矩形工具"，在属性栏中设置"模式"为"形状"，填充颜色为暗红色（R:165，G:33，B:36），在图像窗口中按住鼠标左键拖曳，创建尺寸为 850 像素 ×125 像素的矩形，如图 12-117 所示。

图 12-117

25 选择"横排文字工具",设置字体为 Adobe 黑体 Std,字号为 36 点,颜色为白色(R:255,G:255,B:255),然后输入文字"查看更多款式 >>",如图 12-118 所示。

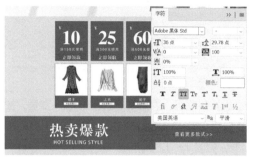

图 12-118

26 选择除背景图层、banner 组、优惠券组及产品分类组以外的所有图层,按快捷键 Ctrl+G 编组,并将该组重命名为"热卖爆款标题",如图 12-119 所示。

图 12-119

27 选择"矩形工具",在属性栏中设置"模式"为"形状",填充颜色为褐色(R:117,G:88,B:88),在图像窗口中按住鼠标左键拖曳,创建尺寸为 500 像素 ×720 像素的矩形,如图 12-120 所示,并将该图层重命名为"模板 1"。

图 12-120

28 选择"横排文字工具",设置字体为 Adobe 黑体 Std,字号为 18 点,颜色为深红色(R:186,G:28,B:49),然后输入文字"RMB:",如图 12-121 所示。

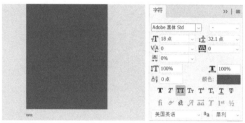

图 12-121

29 选择"横排文字工具",设置字体为 Adobe 黑体 Std,字号为 36 点,颜色为深红色(R:186,G:28,B:49),然后输入文字"299",如图 12-122 所示。

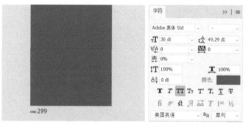

图 12-122

30 选择"矩形工具",在属性栏中设置"模式"为"形状",填充颜色为深红色(R:186,G:28,B:49),在图像窗口中按住鼠标左键拖曳,创建尺寸为 105 像素 ×23 像素的矩形,如图 12-123 所示。

图 12-123

③1 选择"横排文字工具"，设置字体为 Adobe 黑体 Std，字号为14.62点，颜色为白色（R:255，G:255，B:255），然后输入文字"立即查看>>"，如图 12-124 所示。

图 12-124

③2 选择和价格相关的 4 个图层，按快捷键 Ctrl+G 编组，并将该组重命名为"价格"，如图 12-125 所示。

③3 选择"模板 1"图层，然后打开"素材 19.jpg"文件，如图 12-126 所示。

图 12-125   图 12-126

③4 选择"移动工具"，将"素材 19"拖曳到"素材 14"中，并调整素材 19 的大小及位置，如图 12-127 所示。

图 12-127

③5 按快捷键 Alt+Ctrl+G 创建剪贴蒙版，效果如图 12-128 所示。

图 12-128

③6 选择价格组、素材 19 图层、模板 1 图层，按快捷键 Ctrl+G 编组，并将该组重命名为"模板 1"，如图 12-129 所示。

图 12-129

③7 使用同样的方式，创建其他 4 个模板，如图 12-130 所示。

图 12-130

38 载入"素材 20"~"素材 23",使用同样的方式制作模板,如图 12-131 所示。

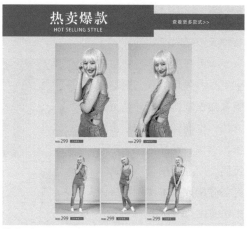

图 12-131

39 选择"热卖爆款标题"组、"模板 1"组、"模板 2"组、"模板 3"组、"模板 4"组及"模板 5"组,按快捷键 Ctrl+G 编组,并将该组重命名为"热卖爆款",如图 12-132 所示。

图 12-132

40 载入"素材 24"~"素材 28",使用相同的方式,创建"新品上市"板块,如图12-133 所示。

图 12-133

41 载入"素材 29"~"素材 31",创建"掌柜推荐"板块,如图 12-134 所示。

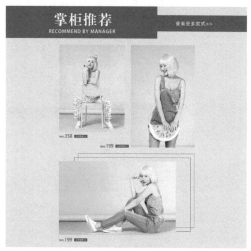

图 12-134

42 载入"素材 32"~"素材 37",创建"时尚好货"板块,如图 12-135 所示。

图 12-135

43 按快捷键 Ctrl+Shift+S,保存,如图 12-136 所示。

图12-136

12.6 电商详情页设计

实例位置	实例文件 >CH12> 电商详情页设计 .psd
素材位置	素材文件 >CH12> 素材 38.jpg~ 素材 49.jpg
视频位置	多媒体教学 >CH12> 电商详情页设计 .mp4
技术掌握	电商详情页设计方法

本实例主要学习利用文字工具、矢量工具、剪贴蒙版等知识制作电商详情页的方法，电商详情页一般由背景、首焦、产品信息、产品尺码、产品实拍、产品细节等部分构成，本实例最终效果如图12-137所示。

图12-137

01 打开 Photoshop 软件，按快捷键 Ctrl+N，设置相应的宽度和高度，如图 12-138 所示，单击"创建"按钮，新建文件，如图 12-139 所示。

02 选择"矩形工具"，如图 12-140 所示，在属性栏中设置"模式"为"形状"，填充颜色为咖啡色（R:104，G:85，B:88），在图像窗口中按住鼠标左键拖曳，创建尺寸为 1920 像素 ×2290 像素的矩形，并将该图层重命名为"首焦模板"（首焦也叫第一屏），如图 12-141 所示。

03 打开"素材文件 >CH12> 素材 38.jpg"文件，如图 12-142 所示。

图 12-142

04 选择"移动工具"，将"素材 38.jpg"拖曳到"未标题 -1"文件中，并调整素材的大小及位置，如图 12-143 所示。

图 12-143

05 按快捷键 Alt+Ctrl+G 创建剪贴蒙版，效果如图 12-144 所示。

图 12-138　　　　图 12-139

图 12-140

图 12-141

图 12-144

06 选择"素材38"图层和首焦模板图层，按快捷键 Ctrl+G 编组，并将该组重命名为"首焦"，如图 12-145 所示。

图 12-145

07 选择"横排文字工具"，设置字体为方正小标宋简体，字号为 75 点，颜色为灰色（R:75，G:75，B:75），然后输入文字"产品信息"，如图 12-146 所示。

图 12-146

08 选择"横排文字工具"，设置字体为 Adobe 黑体 Std，字号为 40 点，颜色为灰色（R:128，G:128，B:128），然后输入文字"COMMODITY INFORMATION"，如图 12-147 所示。

图 12-147

09 选择"直线工具"，如图 12-148 所示，在属性栏中设置"模式"为"形状"，填充颜色为灰色（R:128，G:128，B:128），描边颜色为灰色（R:128，G:128，B:128），描边宽度为 5 像素，在图像窗口中按住鼠标左键拖曳，创建直线形状，如图 12-149 所示，并将该图层重命名为"产品信息底纹"。

图 12-148

图 12-149

10 选择最上面的 3 个图层，按快捷键 Ctrl+G 编组，并将该组重命名为"产品信息标题"，如图 12-150 所示。

图 12-150

11 选择"矩形工具"，在属性栏中设置"模式"为形状，填充颜色为咖啡色（R:104，G:85，B:88），在图像窗口中按住鼠标左键拖曳，创建尺寸为 932 像素 ×1437 像素的矩形，如图 12-151 所示，并将该图层重命名为"产品展示图模板"。

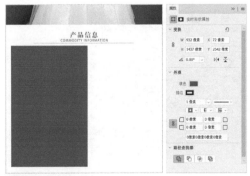

图 12-151

⑫ 打开"素材 39.jpg"文件，如图 12-152 所示。

图 12-152

⑬ 选择"移动工具"，将"素材 39"拖曳到"未标题 -1"文件中，并调整素材的大小及位置，如图 12-153 所示。

图 12-153

⑭ 按快捷键 Alt+Ctrl+G 创建剪贴蒙版，效果如图 12-154 所示。

图 12-154

⑮ 选择"横排文字工具"，设置字体为 Adobe 黑体 Std，字号为 44 点，颜色为灰色（R:67，G:68，B:72），然后输入所需文字，如图 12-155 所示。

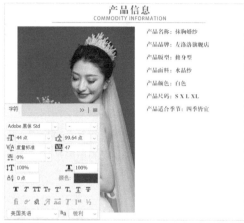

图 12-155

⑯ 选择"横排文字工具"，设置字体为 Adobe 黑体 Std，字号为 44 点，颜色为灰色（R:67，G:68，B:72），然后输入文字"产品指数"，如图 12-156 所示。

图 12-156

⑰ 选择"横排文字工具"，设置字体为 Adobe 黑体 Std，字号为 34 点，颜色为灰色（R:67，G:68，B:72），然后输入文字"弹力指数："，如图 12-157 所示。

图 12-157

18 选择"矩形工具",在属性栏中设置"模式"为"形状",填充颜色为浅灰色(R:219,G:219,B:219),在图像窗口中按住鼠标左键拖曳,创建尺寸为 515 像素 ×7 像素的矩形形状,如图 12-158 所示。

图 12-158

19 选择"矩形工具",在属性栏中设置"模式"为"形状",填充颜色为咖啡色(R:104,G:85,B:88),在图像窗口中按住鼠标左键拖曳,创建尺寸为 130 像素 ×7 像素的矩形形状,如图 12-159 所示。

图 12-159

20 选择"横排文字工具",设置字体为 Adobe 黑体 Std,字号为 34 点,颜色为灰色(R:67,G:68,B:72),然后输入所需文字,如图 12-160 所示。

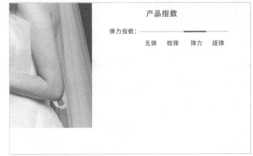

图 12-160

21 选择最上面的 4 个图层,按快捷键 Ctrl+G 编组,并将该组重命名为"弹力指数",如图 12-161 所示。

图 12-161

22 使用相同的方式创建"柔软指数""厚度指数"和"修身指数"3 个组,如图 12-162 所示。

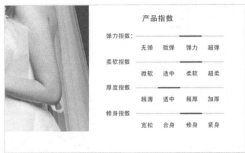

图 12-162

㉓ 选择除"背景"图层和"首焦"组以外的所有图层和组，按快捷键 Ctrl+G 编组，并将该组重命名为"产品信息"，如图 12-163 所示。

图 12-163

㉔ 使用与步骤 7~步骤 10 制作"产品信息标题"组相似的方法，创建"产品尺码标题"组，如图 12-164 所示。

图 12-164

㉕ 选择"直线工具"，如图 12-165 所示，在属性栏中设置"模式"为"形状"，描边颜色为灰色（R:228，G:228，B:228），在图像窗口中按住鼠标左键拖曳，创建直线形状，如图 12-166 所示，并将该图层重命名为"产品信息底纹"。

图 12-165

图 12-166

㉖ 按快捷键 Ctrl+J 将刚创建的形状 1 图层复制一层，然后选择"移动工具"，将它拖曳到如图 12-167 所示的位置。

图 12-167

㉗ 用同样的方式再复制几次该形状图层，然后放置在如图 12-168 所示的位置。

图 12-168

㉘ 选择"横排文字工具"，设置字体为 Adobe 黑体 Std，字号为 44 点，颜色为黑色（R:0,G:0,B:0），然后输入所需文字，如图 12-169 所示。

图 12-169

㉙ 选择"横排文字工具"，设置字体为 Adobe 黑体 Std，字号为 44 点，颜色为黑色（R:0,G:0,B:0），然后输入所需文字，如图 12-170 所示。

图 12-170

③ 使用同样的方法输入"胸围""腰围"和"身高"的数据，如图 12-171 所示。

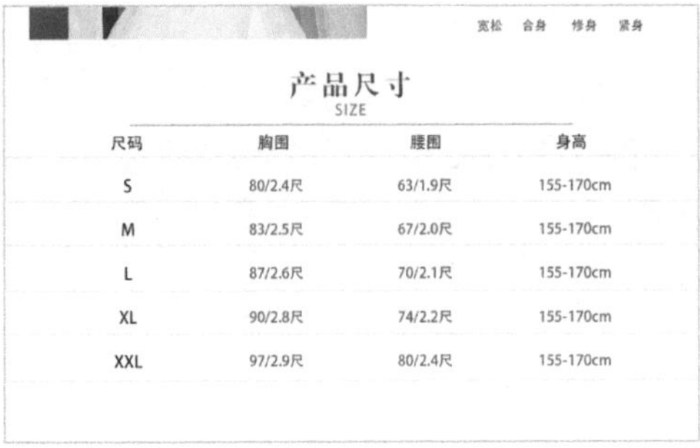

尺码	胸围	腰围	身高
S	80/2.4尺	63/1.9尺	155-170cm
M	83/2.5尺	67/2.0尺	155-170cm
L	87/2.6尺	70/2.1尺	155-170cm
XL	90/2.8尺	74/2.2尺	155-170cm
XXL	97/2.9尺	80/2.4尺	155-170cm

产品尺寸
SIZE

图 12-171

③ 选择除背景图层、首焦组及产品信息组以外的所有图层和组，然后将其编组，并将该组重命名为"产品尺寸"，如图 12-172 所示。

图 12-172

③ 使用与步骤 7~步骤 10 制作"产品信息标题"组相似的方法，创建"产品实拍标题"组，如图 12-173 所示。

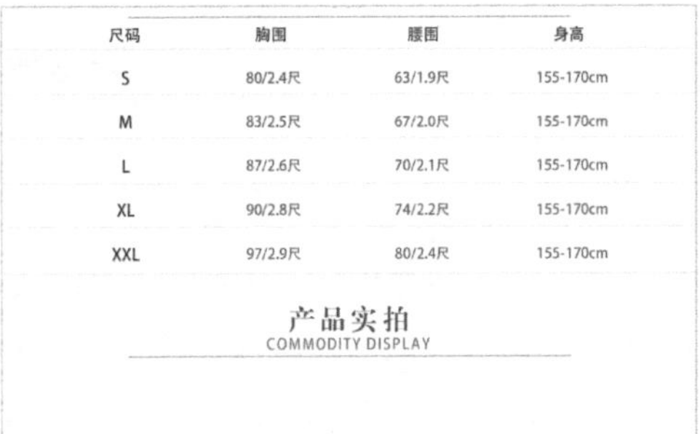

尺码	胸围	腰围	身高
S	80/2.4尺	63/1.9尺	155-170cm
M	83/2.5尺	67/2.0尺	155-170cm
L	87/2.6尺	70/2.1尺	155-170cm
XL	90/2.8尺	74/2.2尺	155-170cm
XXL	97/2.9尺	80/2.4尺	155-170cm

产品实拍
COMMODITY DISPLAY

图 12-173

③ 选择"矩形工具"，在属性栏中设置"模式"为"形状"，填充颜色为咖啡色（R:104，G:85，B:88），在图像窗口中按住鼠标左键拖曳，创建尺寸为 178 像素 ×1325 像素的矩形，如图 12-174 所示，并将该图层重命名为"实拍模板 1"。

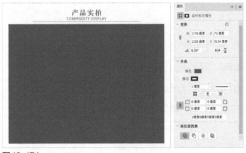

图 12-174

③ 打开"素材 40.jpg"文件，如图 12-175 所示。

③ 选择"移动工具"，将"素材 40.jpg"拖曳到"未标题 -1"文件中，并调整素材的大小及位置，如图 12-176 所示。

图 12-175

S	80/2.4尺	63/1.9尺	155-170cm
M	83/2.5尺	67/2.0尺	155-170cm
L	87/2.6尺	70/2.1尺	155-170cm
XL	90/2.8尺	74/2.2尺	155-170cm
XXL	97/2.9尺	80/2.4尺	155-170cm

产品实拍
COMMODITY DISPLAY

图 12-176

③⑥ 按快捷键 Alt+Ctrl+G 创建剪贴蒙版，如图 12-177 所示。

图 12-177

③⑦ 使用同样的方式，创建其他 5 个模板，并输入所需文字，如图 12-178 所示。

③⑧ 使用同样的方式，载入"素材 41"~"素材 45"，如图 12-179 所示。

图 12-178　　图 12-179

③⑨ 选择除背景图层、首焦组、产品信息组及产品尺码组以外的所有图层和组，然后编组，并将该组重命名为"产品实拍"，如图 12-180 所示。

图 12-180

④⓪ 导入"素材 46"~"素材 49"，使用相同的方式，创建"产品细节"板块，如图 12-181 所示。

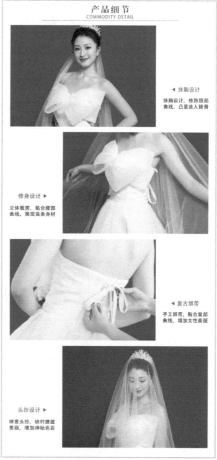

图 12-181

41 按快捷键 Ctrl+Shift+S，选择图像的保存位置和格式，将图像保存，如图 12-182 所示。

图 12-182